HACCP及中国家禽健康养殖标准研究

◎ 萨仁娜 编著

中国农业科学技术出版社

图书在版编目（CIP）数据

HACCP及中国畜禽健康养殖标准研究／萨仁娜编著．—北京：中国农业科学技术出版社，2016.11

ISBN 978－7－5116－1084－3

Ⅰ．①H…　Ⅱ．①萨…　Ⅲ．①畜禽－饲养管理－质量管理体系－标准－研究－中国　Ⅳ．①F326.35－65

中国版本图书馆CIP数据核字（2012）第222349号

责任编辑　崔改泵
责任校对　贾海霞

出 版 者　中国农业科学技术出版社
北京市中关村南大街12号　邮编：100081
电　　话　（010）82109194（编辑室）（010）82109704（发行部）
（010）82106629（读者服务部）
传　　真　（010）82106650
网　　址　http://www.castp.cn
经 销 者　各地新华书店
印 刷 者　北京富泰印刷有限责任公司
开　　本　710 mm×1 000 mm　1/16
印　　张　12.5
字　　数　195千字
版　　次　2016年11月第1版　2016年11月第1次印刷
定　　价　50.00元

《HACCP 及中国畜禽健康养殖标准研究》

编著委员会

主编著 萨仁娜

编著者（以姓氏笔画排序）

王　恬　王文杰　牛智有　左建军

冯定远　齐德生　邹晓庭　张　敏

张宏福　张莉莉　张妮娅　高士争

萨仁娜　穆淑琴

前　言

随着经济的发展和人们生活水平的提高，消费观念和健康观念的更加成熟，食品安全问题日益成为社会关注的焦点。

目前，我国畜产品质量安全主要存在兽药或饲料药物性添加剂残留超标、产品加工贮存及运输过程中的变质或污染、掺杂或质量等级不明确等问题。“畜禽健康是养出来的”，优质安全畜产品也首先是养出来的。要从源头倡导健康养殖理念，从种源、饲料、水、设施工艺、环境、兽药疫苗使用及生物安全管理等全方位维护畜禽自身免疫健康，“少用药、慎用苗”。

HACCP 为危害分析和关键控制点管理体系，是对食品安全有显著影响的危害加以识别、评估以及控制的体系。识别食品生产过程中可能发生的环节并制定适当的控制措施防止危害的发生，通过对生产过程的每一步进行监督和控制，从而降低危害发生的概率。HACCP 是危害识别、评价和控制相结合的系统方法。在 HACCP 管理体系原则指导下，食品安全被融入到设计的过程中，而不是传统意义上的最终产品检测。

我国的畜牧业已经取得了长足的发展，养殖水平和规模不断演进，畜禽产品的产量和质量也有了大幅度的提高。但贯穿养殖全过程的健康养殖及畜禽产品质量安全控制体系的制订、应用尚处于起步阶段。

本书从详细介绍 HACCP 入手，以 HACCP 的原理为依据，结合生产实际，提出畜禽健康养殖标准，分别制定了生猪、肉禽、蛋禽、肉牛（肉羊）等的健康养殖关键控制点及控制措施，试图为养殖生产提供参考。

本书是国家科技支撑技术课题“畜禽健康养殖通用技术标准及营养调控关键技术研究”（2012BDA39B01）、“现代农业产业技术体系”（CARS-42）等项目资助下完成的。

由于作者写作水平和经验所限，书中难免有错误和疏漏之处，敬请读者批评指正。

编著者

2016 年 10 月

目　录

第一章　健康养殖

第一节　我国养殖业现状及发展趋势

一、我国养殖业的发展概况

改革开放以来，我国养殖业得到了长足发展，养殖业生产水平不断提高。主要畜产品产量持续20多年快速增长，养殖业已成为我国农村经济的支柱产业，也是农民增收的亮点。

近几年，我国肉类产量稳步增长，2014年，肉类总产量达8 706.7万吨，牛奶产量3 841.2万吨，禽蛋产量2 893.9万吨，畜牧业总产值2.9万亿元。我国养殖业发展主要有以下几个特点。

（一）养殖业结构调整步伐加快，生产结构进一步优化

改革开放以来，我国畜产品生产结构正在发生重大变化，肉类所占比重始终最高，2013年达57.1%；牛奶产量增长迅速，2013年达到23.6%；禽蛋比重比较稳定，基本保持在19%左右。从肉类生产结构来看，1985年猪肉、禽肉、牛肉及羊肉在肉类中的比重分别为85.9%、8.3%、2.4%和3.1%，2013年猪肉、禽肉、牛肉及羊肉的比重分别为64.4%、21.7%、7.9%和4.8%。1985—2013年的近30年间，猪肉占比大幅度下降，禽肉和牛肉产量增长迅速，羊肉占比基本稳定在3%～5%，我国肉类生产结构总体上有较大的变化。

（二）畜禽饲养由分散向适度规模经营发展，集约化程度不断提高

2010 年全国出栏 50 头以上的生猪养殖户（场）达 264.8 万个，出栏生猪 6.02 亿头，占全国出栏总数的 64.5%；出栏肉鸡 2 000只以上的养殖户（场）达 51.04 万个，出栏肉鸡 82.1 亿只，占全国肉鸡出栏总数的 85.7%；存栏 500 只以上的蛋鸡饲养户（场）达 67.2 万个，鸡蛋产量达 2 434.2万吨，占全国鸡蛋总产量的 81.13%；出栏肉牛 10 头以上的饲养户（场）共有 53.79 万个，出栏肉牛 2 490.8万头，占全国肉牛出栏总数的 41.63%；出栏肉羊 30 只以上的场户数达 186.9 万个，出栏肉羊 1.68 亿只，占全国肉羊总出栏数的 48.8%；饲养奶牛 5 头以上的场户数有 55.9 万个，存栏奶牛 1.20 亿头，占全国奶牛存栏量的 73.58%。全国各具特色的产业化经营模式不断涌现，畜牧业产业化组织约占整个农业产业化组织的 30% 以上，成为我国农业产业化程度较高的行业。

（三）养殖业区域化生产更加明晰，比较优势逐步显现

长江中下游地区和华北地区作为我国生猪产业带，2014 年生猪存栏 1.65 亿头，出栏 2.71 亿头，猪肉产量 2 154.3万吨，分别占全国总量的 34.9%、38.0% 和 38.0%。肉牛产业带主要集中在中原和东北的 8 个省区，2014 年产业带的牛肉产量达 275.4 万吨，占全国牛肉总产量的 40.0%；肉羊产业带分布在中原、东北、西北和西南地区的 18 省（区、市），2014 年产业带的羊肉产量达 276.3 万吨，占全国羊肉总产量的 64.44%。奶牛产业带主要集中在东北、华北和大中城市郊区，2014 年，主产区 7 省（区、市）奶牛存栏 727.4 万头，牛奶产量达 2 237.5 万吨，分别占全国总量的 50.48% 和 60.07%。家禽产业带包括肉鸡产业带、蛋鸡产业带和水禽产业带。肉鸡产业带主要分布在我国东部省区，2014 年，东部 6 个省家禽出栏 39.3 亿只，占全国家禽出栏总数的 33.07%。禽蛋产业带主要包括河北、山东、河南、辽宁、安徽和四川 7 省，7 省的禽蛋产量达 1 896.4万吨，占全国总产量的 65.5%。

（四）畜牧业生产经营方式转变加快，组织化程度明显提高

畜牧业生产规模化程度不断提高，养殖小区和适度规模养殖场蓬勃发

展。农区适度规模饲养快速发展，牧区和半农半牧区圈养和轮牧养殖方式逐步推广。2005 年，全国已有适度规模的畜禽养殖小区 6 万余个。2009 年，全国规模化养殖场（只统计猪、牛、羊、鸡等大宗畜禽）约有 686.4 万处。全国已有超过 2 000万头家畜从天然放牧转变为舍饲圈养，带动了草原畜牧业生产方式的转变，涌现了一大批畜产品养殖加工龙头企业和经济合作组织，畜牧业组织化程度不断提高。

（五）畜产品进出口贸易不断扩大，竞争能力稳步增强

加入 WTO 以来，随着畜产品进出口贸易关税的不断下降，我国畜产品的贸易量逐年增长。2013 年，我国畜产品进口总额 195.1 亿美元，同比增长 30.9%；出口 65.2 亿美元，同比增长 1.3%。肉类产品和奶类产品为贸易逆差，其中，牛肉贸易逆差最大，为 12.25 亿美元；禽产品和蛋产品为贸易顺差，禽产品贸易顺差最大，为 7.88 亿美元。目前，禽产品是我国畜产品出口的优势产品，出口量在肉蛋奶等主要畜产品中的比例已经从 30% 上升到 70%，一些优势企业和名牌产品，依托成本和价格优势，积极开拓国际市场，取得了良好业绩。

（六）畜牧业的快速发展促进了农民就业增收，带动相关产业的发展

近年来，我国畜牧业的快速发展，大大促进了农民收入的增长。据调查，在我国一些畜牧业发达地区，畜牧业现金收入已占到农民现金收入的 50% 左右。2015 年我国农村人均收入净增部分中来自畜牧业的约占 40%，2015 年农民人均现金收入为 11 422元，其中，畜牧业现金收入 3 438.3元，同比增长 11.67%。畜牧业的快速发展还带动了饲料加工业、畜产品加工业、兽药（添加剂）、食品、制革、毛纺、畜牧机械等相关产业的发展，并吸纳了大量农村劳动力。据统计，全日和部分时间从事畜牧业生产的劳动力有 1 亿多人。

二、我国养殖业发展面临的主要问题

近年来，我国的畜牧养殖业发展迅猛，但在快速发展的过程中存在着一些亟待解决的问题，这些问题主要表现在以下几个方面。

（一）养殖业对环境造成的压力越来越大

近年来，我国畜牧业快速发展，规模化养殖场和养殖小区不断增加，畜牧业逐渐向高生产力的集约化养殖模式转变。随着畜牧业饲养模式的转变，畜禽废弃物大量集中排放，畜禽粪便利用率下降，畜牧业对对环境的污染日益加剧。一些养殖场粪便随意堆放，污水任意排放，这些粪便进入水体或渗入浅层地下水后，严重污染养殖场周边环境。据报道，密云水库集约化养殖场周边地下水硝酸盐超标 124%，总硬度超标 27%，氨氮和 TDS 均超标 30%。同时，畜禽养殖过程中排放大量的温室气体和恶臭气体，2000—2009 年，江苏省畜禽养殖甲烷年平均排放总量为 17.46 万吨，氧化亚氮年平均排放总量为 2.08 万吨。此外，养殖中促生长添加剂或预混剂的广泛应用，导致畜禽粪便中重金属、兽药残留、盐分和有害菌等有害污染物增加，而用于清洗消毒的化学消毒剂则可直接进入污水。上述各种有害物质，如果得不到有效处理，便会对大气、土壤、水源以及整个生态环境构成严重的污染，进而对人们的健康构成威胁。因此，有效解决畜禽养殖污染问题刻不容缓。

（二）滥用违禁饲料添加剂和抗生素造成的危害越来越严重

随着畜牧业的现代化、集约化和规模化生产，抗生素（包括饲料添加剂）在降低发病率与死亡率、提高饲料利用率、促生长等方面起到十分显著的作用，已成为现代畜牧业不可缺少的物质基础。但是，由于受经济利益的驱使，畜牧生产中滥用抗生素和超标使用抗生素的现象普遍存在。有数据表明，世界上抗生素总产量的一半左右用于人类临床治疗，其余的用于畜牧养殖业。就养殖业而言，长期或超标、滥用兽药尤其是抗生素及激素作为饲料添加剂所带来的危害性也日益凸显。

1. 进入“后抗生素时代”，人类将面临无药可用的困境

自 1928 年，首次发现青霉素能抑制金黄色葡萄球菌以来，抗生素逐渐应用在临床医疗中。但是近一个世纪以来，由于抗生素的大量使用甚至滥用，导致抗生素耐药性不断发展，耐药性病原菌增加，多重耐药菌的增多与人类研发新型抗生素进展缓慢间的矛盾日益凸显，人类正在进入“后抗生素时代”或“耐药时代”。

英国的一个独立研究委员会报告指出，如果抗生素耐药性得不到有效控

制，至2050年全球每年耐药菌感染的死亡人数可达1 000万，远远超出癌症所导致的死亡人数。抗生素耐药性本身是微生物自然进化的过程，但是抗生素的大规模生产和使用加速了固有抗性微生物和抗性基因的扩散，极大地增加了抗生素耐药性的发生频率。一旦细菌具备对药品治疗的完全抵抗力，就会导致许多治疗手段失效，面对疾病无计可施的黑暗时代会重新到来。2014年，世界卫生组织（WHO）发布全球调查报告称，因长期滥用抗生素，耐药性细菌菌株快速增殖，抗生素正在逐渐失去抑菌能力，在未来，普通感染以及轻伤亦有可能致命。抗生素耐药性问题已经引起各国政府和科学家的高度重视。

2. 当前养殖业中大量使用抗生素也面临同样的困境

动物使用抗生素与人类使用抗生素的历史几乎同步。20世纪50年代，美国食品药品管理局（FDA）首次批准抗生素可以作为动物饲料添加剂。20世纪60年代开始，各国开始大量使用抗生素添加剂，专门开发了饲用抗生素。抗生素在畜牧业中的运用到70年代，达到了顶峰时期。抗生素具有治疗、保健、防病治病和促生长作用，在现代畜牧业发展的各个历程中发挥了重要作用。

抗生素在畜牧业中的广泛应用，促进了养殖模式的转变，使大规模、工厂化养殖成为可能，使养殖成本在近20年间大幅降低。然而，随着集约化养殖业的发展，大量使用抗生素类添加剂所带来的潜在危害，如抗生素残留、耐药菌出现等，也日益受到人们的关注。在畜牧生产中长期、大量滥用抗生素带来的危害主要表现在以下方面。

（1）抗生素类饲料添加剂的超量使用或滥用，会加速耐药菌的产生，耐药因子在敏感菌株之间相互传递，导致疾病的非典型化和混合感染，加大畜禽传染病防治的难度。此外，会降低动物机体免疫力，破坏消化道的微生态平衡，引起菌群失调症，增加致病菌感染的机会。养殖业中，大肠杆菌、葡萄球菌、沙门氏菌等过去并不严重或较少发生的细菌病，现已上升为畜禽的主要传染病，与长期滥用抗生素有直接的关系。

（2）长期超量使用抗生素会造成抗生素在畜产品中残留，直接或间接地危害人类的身体健康。抗生素在动物体内无法有效降解，当人们长期食入含有抗生素的动物性食品时，抗生素在人体内蓄积，身体耐药性增加，会引发各种危害。如氯霉素能损害人体肝脏和骨髓的造血机能，导致再生障碍性贫血和肝损伤；四环素类抗生素能引起过敏反应，严重时会危及生命；有些抗生素还可致畸、致突变、致癌等。

（3）抗生素的排放污染环境，严重破坏生态平衡。动物服用大量抗生素后，主要以原形或代谢物的形式随粪、尿等排泄物排出。粪尿经挥发或扬尘过程进入大气中，或者作为肥料施入农田，或者因管理不善直接进入水体，造成环境中抗生素浓度升高，引起大气、土壤或水体的污染。同时，进入环境中的抗生素受到一些物质（如土壤颗粒）的保护作用不易降解，能维持很长时间的活性，对环境中的微生物、植物或动物的生长发育产生不同程度的抑制作用，环境中耐药菌数量增加，生态平衡会遭到破坏。

（4）近年来，药物残留是影响畜禽产品国际贸易的重要因素，也是动物产品贸易技术性壁垒的主要表现形式，被世界各国所高度重视。由于一些西方发达国家对动物产品中的抗生素标准要求越来越严格，而且在动物源性食品中抗生素残留量的检测已成为世界肉类贸易中重要的技术指标和技术性壁垒之一，已成为制约我国动物产品出口的瓶颈。

（三）养殖水平低，科学技术储备不足

1. 生产方式落后，规模化程度低

改革开放以来，我国的养殖业得到了快速发展，畜牧业产值不断提升。但我国还远不是一个畜牧业强国，养殖水平与世界发达国家还有差距。主要表现在畜禽生产能力低、劳动生产效率低、经营管理水平不高、养殖环境差等。我国是一个人口大国，但我国畜产品人均消费量并不是很高，出口量也较低。总的来说，我国畜牧业仍然处在传统饲养方式与现代化养殖方式并存、传统养殖方式占支配地位的阶段。

2. 科学技术储备不足

科学技术是第一生产力，技术进步对推动养殖业的经济增长至关重要。目前，我国畜牧科学研究取得了不少成果，但我国畜牧业科技水平不高，存在原始创新少、成果转化效率低、养殖人员综合素质不高、疫病防控体系不健全等问题。此外，现在研究单项养殖技术的较多，而研究综合技术可供配

套、组装、集成的相对较少。养殖业研究—试验—开发—产业化体系还没有形成。

(四) 畜产品质量安全水平有待提高

畜产品质量安全是指畜产品质量符合保障人的健康、安全的要求，不应含有可能损害或威胁人体健康的因素，不应导致消费者急性或慢性毒害或感染疾病，或产生危及消费者及其后代健康的隐患。在我国，近年畜产品质量安全事件频出，不仅严重威胁到人民的健康水平，而且相当程度上制约了相关产业的发展，保障畜产品质量安全已经成为当今社会公共卫生安全工作的重要内容，是现代畜牧业建设的重要目标和任务。2010 年 2 月，我国成立国务院食品安全委员会，研究部署、统筹指导食品安全工作。2013 年国务院组建了国家食品药品监督管理总局，从管理机构上实现了食品安全监督管理职责整合。但与发达国家相比，我国畜产品质量安全工作仍任重而道远。

(五) 产业化程度有待提高，生产方式急需转变

畜牧业产业化是以市场为导向，以经济效益为中心，以骨干企业为龙头，以千家万户为基础，以合作制等中介组织为纽带，对一个地区的畜牧主导产业实行饲料养殖加工、产供销、牧工商、牧科教紧密结合的一条龙生产经营体制。畜牧业产业化经营对合理开发资源、发展生态畜牧业、引进科技与科研成果、保护生态环境、调整养殖结构等均具有重要意义。近些年，我国大中型的畜产品加工龙头企业不断涌现，通过创新机制，建立基地、树立品牌，向规模化、产业化、国际化、集团化方向发展。公司、合作社、合同生产等多种形式的产业化经营组织模式也随之产生，为我国畜牧业适应市场经济的要求，参与国际竞争提供了组织保证。

当前，我国养殖规模化集约化程度逐渐提高，但小规模养殖户仍占主要部分。小规模养殖下，饲养管理和经营方式粗放，养殖环境差，人畜混居、畜禽混杂、交叉感染现象严重。为保障我国畜牧业的可持续发展，养殖生产方式急需由数量型向质量环保型转变。需要大力发展养殖小区，扩大养殖规模，改善养殖环境，实行生态养殖，降低畜禽发病率，提高管理水平和养殖效益，最终为社会提供安全与优质的畜禽产品。

三、健康养殖是现代化养殖业发展的必由之路

畜牧业是一个古老的物质资料生产部门，从人类社会早期到现代畜牧业生产大体上经历了狩猎、游牧、定居放牧、围栏放牧与机械化生产并存等几个阶段，在这个漫长的历史发展过程中，人类征服自然、改造自然的能力不断加强，畜牧业生产的稳定性不断提高，目前正向更高的阶段发展，出现了一系列引人注目的动向。在我国农业发展的新阶段，种植业发展越来越受到耕地和市场等的多重约束，畜牧业发展具有巨大的需求潜力和广阔的市场前景。

（一）畜牧业在国民经济中的地位将越来越突出，农业结构调整向以畜牧业为主的方向发展

畜牧业是将植物性物质转化为动物性产品的重要产业，人们逐渐解决了温饱问题，粮食的剩余为畜牧业的发展提供了条件，而人民生活水平的提高，食物消费的高级化，加快了畜牧业本身发展的步伐。

（二）畜牧业生产、经营趋于专业化、集约化、产业化，产值将会逐步增加

近几十年来，发达国家的畜牧业生产内部专业化程度日益上升，分工越来越细，如国外养鸡业，有专门培育优良鸡种的育种公司，育种公司又建有原种鸡场、祖代鸡场、父母代鸡场，它们构成家禽良种繁育体系，同时还有专业孵化场、育成鸡场、商品蛋鸡场、肉鸡场、配合饲料厂、畜禽设备厂、屠宰加工厂、疫苗药品生产厂等与养鸡有关的专业厂家，分工细致，已经实现了集约化经营、社会化服务、产供销一条龙。美国的牧工商、产供销一条龙已占美国整个畜牧业生产的50%。从国际经验看，发达国家畜牧业产值占农业产值的比重一般在60%~70%，而我国目前只有30%，还有30%~40%的发展空间，相当于9 000亿~12 000亿元的产值。

（三）未来的畜牧业将是可持续发展的畜牧业，生产与环境保护协调统一

当前，畜牧业生产所产生的环境污染（包括氮、磷污染、抗生素滥用、重金属污染等）问题已越来越引起关注和重视，高效、廉价的植酸酶、蛋

白酶、微生态制剂等在未来的饲料中将得到普遍运用，使畜牧业发展与环境保护更加协调。

（四）高新技术的应用，将使畜牧业得到飞速发展

生物工程技术的应用是21世纪畜牧业科技发展的主导方向。计算机技术、低温冷冻技术、激光技术、PCR-RFLP技术、开放式畜禽育种技术、活体测膘厚度技术等的应用，将培养出适合市场各种需求的畜产品，使畜牧业经济得到快速发展，获得良好的经济效益。如：发展超级畜禽，把大型动物的生长基因导入较小的动物体内，获得更多的畜禽产品。澳大利亚科学家把外来基因导入绵羊胚胎中，已培养出特大型绵羊；培养微型畜禽，满足美食之需，墨西哥科学家采用生物遗传学原理，把瘤牛作母本进行微缩，已育出了第一代微型牛；开发合成型家畜，降低粮食消耗；培育功能型畜禽，促进人类健康，韩国食品专家成功培育出一种低胆固醇的优质肉猪，使患动脉硬化症及心脏病而拒食猪肉的病人乐于接受。

（五）健康养殖方兴未艾，任重道远

健康是目的，监控是手段，养殖是关键。要保证畜产品安全、食品绿色的真实有效，其举措有二：一是从畜禽养殖前端到畜产品流通终端的全程监控；二是花大力狠抓源头——养殖过程。真正做到了健康养殖，就能通过监控其规范手段，最终产出安全绿色的畜产品。

健康养殖，顾名思义就是在一个清净无疫源、饲料营养安全、粪污沼气化、圈舍规范、饲养者无病等方面优化而健康环境下的畜禽养殖行为。而清净无疫源、饲料营养与安全是健康养殖过程中最重要的环节。在防疫手段完善的前提下，饲料的营养与安全贯穿在整个畜禽的饲养过程中，是健康养殖各环节的重中之重。动物源性食品若营养不安全，动物抗病力也就会降低，对药物的依赖性就会增加，耐药性也会增强，导致“用药—耐药—大剂量—多残留”的恶性循环。因此，只有动物的食品安全了，才有消费者的畜产品安全，也才有人类的身体健康。或者说，动物源性食品的安全，是人类食物安全的基础和保障。

四、发展健康养殖的对策

纵观20世纪养殖业的发展历程，为了追求更大的经济效益，广泛采用

集约化饲养，大量使用各种饲料添加剂等措施，不仅使动物处于高度应激状态，动物正常的生理机能和代谢过程受到影响，动物产品的品质和风味也大大降低；而且还造成畜禽产品中有毒物质、药物和重金属残留，环境微生物抗药性增强，大量有毒、有害物质进入土壤、水体和大气中，造成环境污染，动物福利状况严重恶化等。动物自身健康、畜产品安全和环境安全已成为我国畜禽养殖业发展面临的战略性问题，而解决这些问题的唯一途径是实现畜禽生产全过程健康养殖。由于我国养殖业生产动物种类繁多，饲养方式多种多样，生产规模和饲养密度差异很大，如何根据养殖业现状与生产实际，提出适合我国国情的畜禽健康养殖全过程管理关键控制点、控制技术和控制方法，形成健康养殖关键技术体系，不仅有利于我国养殖业制定标准与国际标准的对接，而且对于指导我国畜禽养殖业生产具有极为重要的意义。

（一）进一步加快环保型饲料和配方技术的研发与推广

自 1995 年我国有关专家提出生态营养（Ecological Nutrition）的概念以来，许多专家学者就如何准确评定畜禽对各种养分的需要量和各类（种）饲料在畜禽中的消化利用率，准确配制畜禽日粮，减少和降低氮、磷及各种有毒、有害元素在畜禽粪尿中的排泄，研制开发低毒、低残留的饲料添加剂等方面进行了大量探索，目的是从源头上控制畜牧业污染，为消费者提供既营养又安全的畜禽产品。

针对我国畜禽养殖业发展的现状、出现的新形势和新问题，从国情出发，开展畜禽氮、磷营养代谢调控及环境安全技术的研发，围绕氮、磷营养代谢与调控技术中的关键科学与技术问题，以研究测定方法为切入点，对畜禽内源性氨基酸的分泌排泄规律、饲料中氨基酸和磷的真消化率、饲料表观可消化磷和真可消化磷的相应评价方法和预测模型进行研究，建立和完善畜禽饲料氨基酸、磷的数据库，为建立针对不同蛋白质（氮）和磷饲料资源更为精确的饲养标准提供理论基础。通过研究氨基酸在畜禽内脏器官的代谢，以及碳水化合物对它的影响机制，将氨基酸甚至其他养分的营养代谢研究从消化道层次提升到组织器官层次。所有这些研究，最终都是为建立新的高效无公害畜禽饲料配方参数和技术体系，为研制生产无公害、环保型的绿色饲料奠定基础。这样，不但能提高饲料中氮、磷、铜、锌等元素的利用率，还对进一步提高畜禽饲料报酬，确保动物本身及其产品的卫生安全、减少动物生产过程中氮、磷及其他营养物质的过量排放，以及对环境的污染，建立“饲料安全→动物健康养殖→食品安全→环境安全”体系具有十分重要的指导作用，对推进我国畜禽养殖业和饲料工业的持续、高效和健康发展具有至关重要的现实意义。

（二）进一步加强绿色饲料添加剂的研发

我国饲料添加剂的研究和推广应用起步较晚，随着饲料工业和养殖业规模经营的迅速兴起而得到了较快发展，并对畜牧业的发展起到了巨大的促进作用。但是，滥用抗生素产生了许多负面效应。因此，开发和推广天然绿色饲料添加剂，以生产出安全可靠的食品——“绿色畜禽产品”来满足人们的需求已成为必然选择。为了解决抗生素、药物残留和抗药性问题，通过近几年来的研究，先后开发了酶制剂、微生物制剂、化学益生素、酸制剂、中草药制剂、天然植物提取物等绿色饲料添加剂。

日粮中添加植酸酶可以提高家禽和猪饲料中植酸磷的利用率，从而降低日粮中无机磷的添加量，使磷的排泄量减少 20%。荷兰、丹麦等欧洲国家以及美国的部分州已经立法，规定在饲料中必须使用植酸酶。然而，我国关于植酸酶在畜禽生产中的应用，尤其是在猪饲料中的应用研究较少，急需加强这方面的研究，以减少磷排放对环境的污染，节约磷资源。研究与生产实践还证实，通过改变微量元素添加形式，在不影响或提高生产性能基础上，可以降低微量元素在饲料中的添加量，减轻由铜、锌和砷等的大量排放造成的环境污染。近年来推出的氨基酸微量元素螯合物添加剂，在消化道内可以溶解，而且由于它是电中性，可以防止金属元素被吸附在有碍元素吸收的不溶胶体上，因此，它具有容易吸收、效价高的特点。与无机盐相比，其添加剂量少但可以达到相同的效果，且金属离子的排出量减少，因此，氨基酸微量元素螯合物是一种比较理想的微量元素添加形式。不过以往对氨基酸微量元素螯合物的研究重点都集中在对畜禽生产性能以及螯合物本身的生物利用率方面，今后应对螯合物添加剂在畜禽中使用以及对动物和环境所造成的影响加以系统研究。

（三）加强相关立法

在城市工业化进程提速和城市规模不断扩张的今天，多数大中城市解决城郊畜牧业引发的环境污染问题的办法是将养殖企业由近郊迁至远郊，这一措施本身就是既不治标又不治本的途径。如果不从根本上解决上述问题，随着企业的迁移，养殖业引发的污染只是换了一个地点，谈不上解决畜禽产品的品质和安全问题。《国民经济和社会发展第十三个五年规划纲要》明确指出，大力推进标准化生产，加强高标准农田、畜禽规模化养殖场（小区）和标准化池塘建设。“大力发展生态友好型农业”，全国深化农业面源污染治理，全力推动节水、节地、节药、节肥、节能、节源等节约型农业。《国家中长期科学和技术发展规划纲要》也明确强调要重点研究开发安全、优质、高效的饲料和规模化健康养殖技术及设施。城郊畜禽养殖业生产已造成了潜在的环境资源污染。伴随着畜禽养殖业的规模化、集约化生产，对环境的生态容量形成了潜在的威胁。发达国家对养殖业环境公害高度重视，在饲料养分平衡技术及畜禽养殖场废弃物的生物发酵等无害化处理技术等方面发展尤为迅速，为养殖场排污标准等法律、法规的制定提供了依据。在发达国家，通常严格控制畜禽场的发展，严禁在大城市周围发展大中型畜禽场，日本、美国等国家新建大中型畜禽场必须经过严格审批并控制畜禽场规模，防止规模过大带来畜禽粪便处理的困难，并建议了各种畜禽场的最高饲养头数，规定对禽畜粪尿及其他废弃物必须经过严格综合处理。基于畜禽饲养场的粪便绝大部分用于农田，为防止氮经土壤流失和对农作物造成的不良影响，不少国家制定了“每公顷土地最大允许饲养密度”，有的国家还规定禽畜粪便施用于农田的方法与时间。制定畜禽场污水的排放标准是防止污染最有效的措施之一，不少国家或地区选定 BOD、COD、SS、pH 值等作为控制指标。

由于畜牧业利润较小，治理畜禽粪便污染花费较大，因此，大多数国家对畜禽粪便污染的治理都有经费补助。如日本，对私营牧场可补助治理粪便污染的费用，并在财政年度预算中拨款；荷兰、英国、丹麦等国家则对将畜粪运输投放到农田中给予经费补贴。同时，畜禽场一旦给环境造成污染，将被罚款，或先进行清除，污染方负担处理费。我国台湾地区也对达不到排放标准的畜禽场处以重罚，最高达数万台币，直至改善为止。借鉴上述经验，我国在控制畜禽养殖污染环境方面必须加强立法，制订出大中型畜禽场建场审批以及饲养和粪便处理一体化实施规定；制订畜禽污水处理后排放标准以及国家对畜牧业污染处理的优惠政策和奖惩措施。虽然我国于2000年颁布了《畜禽养殖排污管理条例》，但养殖业中相应的技术、措施尚不成熟。在城市城郊废弃物循环利用的技术开发方面，国内开展了“集约化养殖场畜禽粪便的农用风险与污染控制”等国家和相关部委项目研究，积累了丰富的理论知识和实践经验，并开发和制定了相关技术及标准。

第二节 健康养殖概念和内涵

一、健康养殖的概念

健康养殖的概念最早是在20世纪90年代中后期我国海水养殖界提出的，以后陆续向淡水养殖、生猪养殖和家禽养殖渗透并完善。健康养殖包含两层含义：一是养殖过程中动物本身的健康，二是动物产品对于人的健康有益而无害。健康养殖是以保护动物健康、人类健康、生产安全营养的畜产品为目的，最终以无公害畜牧业的生产为结果。健康养殖生产的产品首先必须被社会接受，是质量安全可靠，无公害的畜产品；其次，健康养殖是具有较高经济效益的生产模式；最后，健康养殖对于资源的开发和利用应该是良性的，生产模式应该是可持续的，对于环境的影响是有限的，体现了现代畜牧业的经济、社会和生态效益的高度统一，即三大效益并重。健康养殖生态管理的基本原理包括养殖环境的管理、组合因子的综合管理、加强对能引起养殖动物“应激反应”的生态因子的监控、合理的养殖密度、平衡的营养，科学的管理和有效的疫病防控。

健康养殖，是指在无污染的养殖环境下，采用科学、先进和合理的养殖技术和手段，从而获得质量好、产量高的产品，且环境无污染，生态无破坏，达到动物与自然和谐共生，在经济、社会、生态上产生综合效益，并能保持稳定、可持续发展的一种养殖方式。

二、健康养殖的内涵

畜禽健康养殖是立足于传统畜牧业的基础，着眼于当前畜牧兽医先进科技，解决畜牧业生态环保、无公害、规模化、标准化、安全优质等问题，实现基础设施完善、管理科学、资源节约、环境友好，追求产量、质量、效益和环境的统一，既要注重“安全和优质”双重保证，又要实现“环境与经济”的双重效益。畜禽健康养殖是饲养环节的标准化生产，创建标准化饲养场的内容。

畜禽健康养殖也是给养殖对象营造一个良好的生态环境，提供充足的营养饲料，使其在生长期间最大限度地减少疾病的发生，从而生产出无污染、个体健康的畜禽产品。健康养殖业是以安全、优质、高效、无公害为主要内涵的可持续发展的养殖业，是在以追求数量增长为主的传统养殖业的基础上实现数量、质量和生态效益并重发展的现代畜牧业。根据这些概念分析，健康养殖应满足如下要求。

（1）合理利用资源（包括水、土地、种畜禽、饲料等）。

（2）人为控制饲养条件，养殖环境要尽量满足养殖对象生长、发育、繁殖和生产需要。

（3）各种养殖模式和防疫手段能使养殖对象保持正常的活动和生理机能，并尽可能通过养殖对象自身的免疫系统，抵御病原入侵和环境的突然变化。

（4）饲料要能完全满足养殖对象的营养需要及投喂技术要科学合理。

（5）有效防止疾病发生，预防为主防治结合，最大可能减少疾病危害。

（6）养殖产品无污染、无药物残留、安全、优质。

（7）合理处理和利用生产中所产生的废弃物。

健康养殖的概念具有系统性、集成性和生态性的内涵。健康养殖是个系统工程，要通盘考虑，整体规划，并不是一项和几项技术就能解决的，也不是简单地使用了几种药物就能起作用的，而应是一整套系统全面的、科学合理的措施，包括生态环境调控、养殖技术、病害防治、遗传育种、营养饲料等方面，所以说健康养殖又是一个“链条效应”，营养与饲料、病害控制、品种、饲养技术与管理等环节，只有在养殖环境中有机地结合起来才能形成一个健康的养殖业。集成性是指健康养殖是新理论、新技术、新材料、新方法在畜牧业上的高度集成，谋求生态效益与经济效益的统一，社会效益与经济效益的统一，即追求经济、生态、社会三大效益并重。生态性是指根据养殖对象的生物学特性，运用生态学原理来指导养殖生产，也就是说要为养殖对象营造一个良好的、有利于快速生长的生态环境，提供充足的营养平衡饲料，使其在生长发育期间最大限度地减少疾病的发生，使生产的产品无污染、安全、优质。

健康养殖是一个动物应激最少，“无”病生长的过程。在这个过程中要保证满足动物基本的生理、心理和行为的需要，使动物达到基本的康乐状态，即：健康必备的基本需要得到满足，而痛苦减至最小。因此，在畜禽的选种、饲养、防治疾病等环节要遵循必要的操作规定；饲养的品种应当能适应当地的生长条件；使用的饲料原料应主要来源于无公害区域内的草场和种植基地；饲料添加剂的使用必须符合饲料添加剂使用准则；畜禽房舍内不得使用毒性杀虫、灭菌、防腐药物；不可对畜禽使用各类化学合成激素、化学合成促生长剂、有机磷等药物，兽药的使用必须符合相应的兽药使用准则；配合完善的防疫制度来控制传染病的传播；结合科学的饲管规程和优质饲料来减少普通病的发生。

三、健康养殖的基本框架

（一）生物安全体系

生物安全是为保证畜禽等动物健康安全而采取的一系列疫病综合防治措施，是较经济、有效的疫病控制手段，是动物疫病预防程序中重要的环节。

生物安全措施包括以下方面。

（1）采用“全进全出”制，以方便对畜禽舍进行彻底的清洗消毒，减少由于细菌或病毒污染所造成的疫病传播。

（2）严格限制人员、动物和运输工具的流动和进入养殖场，防止交叉感染。

（3）防止鼠、猫、狗等动物进入养殖场。

（4）对引进的畜禽要进行严格的健康检查与隔离观察，不将患病或隐性感染的畜禽引入场内。

（5）对发病和死亡的畜禽，应进行严格的消毒处理，防止疫病扩散。

（6）定期进行疫病的检测和日常的消毒工作。大中型的养殖企业应该建立疾病诊断实验室，以便及时了解畜禽的疫情动态。

（7）饲养环境质量监测，主要包括病原微生物污染监测和有害气体的监测。

（二）畜禽品种选育和抗病、抗逆性强的优良品种培育

种质是动物健康养殖的物质基础，是基本的生产资料，选育和推广动物良种养殖，既不增加劳动力、饲料和生产设备，又可获得增产，提高品质。因此，在大力提倡科学养殖的同时，应积极开展良种引进、选育、自繁和提纯复壮工作，为畜牧养殖打下坚实的基础。解决人工圈养条件下畜禽的疫病控制，基本上遵循着两条技术路线，一是让养殖环境条件满足动物的生理生态要求，二是培育和选择适应于高密度集约式养殖条件的养殖品种。因此，必须选育和改良适应于各种养殖方式的养殖品种，使养殖品种和养殖方式配套。具有较强的抗病害及抵御不良环境能力的养殖品种，不但能减少病害发生的机会，降低养殖风险，增加养殖效益，同时，也可避免大量用药对环境造成的危害以及对人类健康的影响。培育抗病、抗逆的养殖品种对养殖业的可持续发展具有重大意义。

（三）健康养殖模式的建立

养殖模式是影响养殖效果和环境生态效益的技术关键。养殖模式包括养殖品种选择、饲养密度、投入产出水平以及畜牧养殖和其他生产方式的结合等诸多方面。许多现行的动物养殖模式多是从追求产量和经济效益出发，品种搭配不够合理，养殖生产方式单一，结果非但达不到所追求的高产高效，反而造成了自身养殖环境的恶化，影响了养殖产量和经济效益，同时对自然环境产生了不良影响。可持续的健康养殖模式应当是品种选择合理，投入产出水平适中，种植业、养殖业和加工业有机结合，通过养殖系统内部废弃物的循环再利用，达到对各种资源的最佳利用，最大限度地减少养殖过程中废弃物的产生，在取得理想的养殖效果和经济效益的同时，达到最佳的环境生

态效益，形成适合各种自然环境条件和社会文化、经济特点的健康养殖模式。养殖设施是开展养殖的重要物质基础，设施的结构和设计，在很大程度上影响畜牧养殖效果和环境生态效益。要开展健康养殖，达到可持续发展，必须对现行的养殖设施结构进行改造，新型的养殖设施，除了具有提供动物生长空间和基本的防疫功能外，还应具有较强的环境调控和净化功能。在各种养殖模式中，应重点研究多元养殖、生态养殖、低耗高产的健康养殖技术工艺，开发环境清洁技术、生物降解技术等。

（四）安全高效饲料的开发及科学饲养

饲料是畜牧养殖生产中的重要投入，饲料质量的好坏和饲料投喂技术是否合理，是影响畜牧养殖效果和环境生态效益的一个重要因素。饲料的质量不但决定了饲料本身的转化效率，而且影响养殖环境。饲料质量低下不仅影响动物的正常生长，而且会在养殖过程中产生大量的废弃物，恶化养殖环境，增加病害发生机会。应加强动物采食行为学的研究，应用采食生态、采食行为的特点，提高饲喂的科学性。大力研究和推广应用先进的饲料投喂技术，如计算机控制的饲料投喂技术等，保证动物生长需要，尽量减少饲料的浪费和对养殖环境的污染。

（五）畜禽粪便和废弃物的无害化处理

逐步发展工业化养殖，采用高效节能技术，实现控制温度和光线，全部使用配合饲料，粪便和废弃物实行无害化处理，达到国家规定的排放标准。

（六）健康管理和病害控制

畜牧养殖过程中的病害问题目前已经成为制约我国畜牧养殖发展的一个重要因素。造成这种局面的原因是多方面的，我国畜牧养殖中健康管理和病害控制技术的研究远远滞后于生产的发展，再加上生态环境恶化，形成了养殖环境恶化、病害增多、用药量增加、药效降低、用药量又加大的恶性循环。不但养殖成本增加，效益下降，而且大量用药对生态环境产生了极为不良的影响，对动物健康、畜产品安全甚至对人类的健康带来严重的威胁。因此，畜牧养殖中健康管理和病害控制是健康养殖的关键。

四、HACCP 管理体系有助于健康养殖的实施

在养殖过程中，建议用 HACCP 管理体系进行控制。HACCP 是一种科

学、高效、简便、合理而又专业性很强的食品质量安全管理体系。它的认证虽然不是健康养殖的必备条件，但是如果在健康养殖中将“危害分析与关键控制点”理论运用于全过程的运作，使影响产品质量的每一环节明了突出、方便管理检查，将影响产品的因素消灭在生产过程中，则可保证高质量产品的稳定生产，使产业化的养殖企业，特别是有出口贸易的企业，经济效益和社会效益，当前利益和长远利益，区域效应和接轨效应得到很好的统一。

健康养殖最终获得的产品是高质量的安全动物食品。高质量安全动物食品指养殖过程中产生的无公害产品、绿色食品及有机食品。是通过符合标准的种植生态环境，养殖生态环境，符合操作规程的健康养殖过程，食品加工和包装过程而形成。高质量安全食品的认定对于企业来说是获得某一级别的认证资格，对社会和公众来说是食品上有监督机关认可的正规标志，如无公害食品标志、绿色食品标志、有机食品标志等。

健康养殖的目标是达到经济、社会和生态综合效益的最佳协调，最终形成的高质量产品获得相应附加值，以及冲破“绿色贸易壁垒”所增加的贸易额，是健康养殖所获得的直接经济效益；健康养殖过程有利于养殖业可持续发展，高质量的产品提高了人民生活质量，是健康养殖所获得的社会效益；健康养殖中注重控制有毒、有害物质的使用，注重资源利用率的提高，注重养殖过程中废物及排泄物的及时处理，有利于资源的优化利用，促进生态环境的良性发展，是健康养殖获得的生态效益。

第三节　国内外健康养殖技术现状及发展方向

一、国内健康养殖技术现状

我国现代养殖起步于 20 世纪 70 年代末，30 多年来养殖业产量和产值以两位数的速度快速增长，迅速解决了我国动物性食品短缺的矛盾。30 多年来，我国养殖业科技活动也主要以解决支撑养殖业数量增长技术需求而展开，在动物高产品种培育、动物营养需要量和饲料配方技术等方面取得了一批成果。与此同时，在能量、蛋白质、维生素、矿物元素等养分的生物学效价，动物体内对养分的消化、吸收、代谢规律及其监测方法；营养与消化道微生态、营养与免疫、营养与环境、营养与动物产品品质的关系等方面都积累了一系列前期研究基础。20 世纪 90 年代中后期以来，一个重要发展是现代分子生物学技术和信息技术与动物营养、动物卫生、代谢调控、动物食品安全等研究领域的有机结合，开辟了数字养殖业、精准养殖业、动物食品安全生产、动物福利及应激监测等新的方向。

国内的动物健康养殖主要是以“集约化畜牧业”的形式体现，所谓“集约化经营”，就是一种“高投入、高产出、高效益”的经营方式。也就是说，“以较多的资金、科技或劳动的投入，获取较多的产出，并获取较高的社会效益、经济效益和环境效益”的一种经营模式。

当前我国畜禽健康养殖方面存在着很多的问题。如违禁饲料添加剂和抗生素的滥用、养殖造成的严重的环境污染、疫情的净化和控制不力等重大问题。其中有毒有害物质的污染及残留就是一大类亟待解决的问题。包括抗生素残留、激素残留、致癌物质残留等。这些物质进入人体后，具有一定的毒性反应，如致癌、激素样作用、病菌耐药性增加以及产生过敏反应等。探索新的养殖模式、研究新的养殖技术和方法等来减轻养殖环境压力，维护畜牧业的可持续发展。健康养殖技术相对于传统的养殖技术与管理，也包含了更广泛的内容，它不但要求有健康的养殖产品，以保证人类食品安全，而且养殖生态环境应符合养殖品种的生态学要求，养殖品种应保持相对稳定的种质特性。发展我国的集约式养殖、健康养殖技术和管理，已是我国畜牧业实现现代化的必然产物。

（一）畜禽新品种选育技术

近 20 多年来，我国育成了一批畜禽新品种（系）及配套系，初步建立了畜禽良种繁育体系，形成了选育原种、扩繁良种、推广应用杂优种的产业格局，生产性能普遍提高。据 2012 年版《中国畜禽遗传资源志》统计，我国正式命名的畜禽遗传资源共有 777 个，其中，地方品种 556 个，培育品种

109 个，引进品种有 104 个。我国畜牧业已经取得了长足的进步，但与先进国家相比，我国动物育种研究的广度和深度尚存在较大的差距，目前生产上使用的良种也主要是依靠引进。

21 世纪初，我国畜禽良种产业化发展的技术需求主要包括人工授精与胚胎工程技术；优质畜禽新品种（系）选育及配套系开发技术；准确系统的生产性能测定及遗传评定技术；地方品种遗传监测与杂种优势预测技术；畜禽超高产育种的分子生物学技术；种群遗传变异分析及畜禽遗传资源管理与多样性保护的分子生物学技术；畜禽基因组分析及重要经济性状的基因定位技术；基因工程育种及动物转基因技术与克隆技术。积极开展以下技术研究：动物良种繁育基因数据库或动物种质资源数据库的生物信息学技术；基因功能表达图谱分析的 DNA 芯片技术和二维凝胶电泳及测序质谱技术；功能基因鉴定、基因型快速测定、基因组扫描等分子育种技术。

以 QTL 检测、分子标记辅助选择和转基因为代表的分子育种技术作为生物科技的前沿领域，将成为 21 世纪农业动物育种的重要方向和实现育种工作跨越式发展的重要突破口、加快提升我国动物育种水平和培育优质高效动物新品种（系）的最有效途径，以及促进我国动物遗传资源优势转化为品种优势的重要措施。

（二）疫病防治技术

随着农业和农村经济结构战略性调整，我国开始了向质量型、效益型农业的调整和转变，而畜牧业的发展成为调整的重点。应该看到我国畜牧业的发展还受到饲养技术水平、农牧民素质、防疫技术水平的制约，特别是畜禽疫病的防治水平和效率还不高，老的疫病像猪瘟、新城疫等在个别省区时有发生，新的疫病禽流感、猪流感、圆环病毒、猪繁殖与呼吸综合征、猪流行性腹泻、鸡免疫抑制病、立克次体病有流行的趋势，在国外，如疯牛病、裂谷热、西尼罗热疫、禽流感、非洲猪瘟、口蹄疫等在国际部分国家的流行和暴发都给当前和一段时期的防疫工作提出了新的要求，既有效防止国内新老疫病的流行，又要防止国外病的流入，成为一段时期以来综合防疫研究工作的重点。

资料显示，世界畜牧业产值增长的 30% 以上得益于药物及药物饲料添加剂的开发和使用。尤其在畜牧业生产高度集约化的现阶段，化学药物的使用是除疫苗预防传染病措施之外的主要手段。近年来，我国动物药品行业进入了全面发展的时期，我国兽药研究已取得很大进步，但和国外一些发达国家相比，存在着很大差距。我国兽药研究和开发与国际水平相比相对滞后，新上市的兽药数量和质量远远达不到市场需求，远不能适应目前我国畜禽养殖业蓬勃发展的需要。

随着我国加入 WTO 过渡期的完成，届时我国在知识产权保护和药品、动物源食品标准与世界的接轨，由于公共卫生要求和我国畜牧业从数量型进入质量型的转变，我国动物生产将进入到全面提升产品质量的时期。主要表现在动物性食品品质的提高、动物食品中兽药残留的严格控制、兽药对环境和生态影响的重视加强，同时由于普通消费者对食品安全认识的提高，市场主要表现为对安全、低毒、低残留、高效和天然来源药物的需求。本阶段正是我国畜牧业发展的一个新时期，动物性食品的出口量将得到较大幅度的增加，安全、高效、低毒和动物专用化学药物在养殖业上的需求得到进一步加强。同时，我国兽药产品的出口将有望取得突破。为了抢占国内市场和开拓国际市场，必须加强技术创新，研制开发出一批抗病毒、抗菌和抗寄生虫的天然药物、化学合成药物、抗生素和生物药品，创制新兽药，使自己的产品在国际市场的同类产品中更具有竞争能力。

（三）营养饲料技术

发展安全、优质和高效养殖业，是一项涉及多学科、多领域的系统工程，其核心是将饲料资源通过“动物机器”转化为满足人们需求的动物产品。20 世纪国内外以高产为主要目标，发展以定向育种、集约化饲养、使用各种添加剂等为主要手段的数量型养殖业技术体系，这是造成当前养殖业上述严峻问题的根本原因。发展安全、优质、高效养殖业生产必须彻底改造数量型养殖业的生产方式和技术模式，建立可持续发展的生产方式和饲养模式，即充分发掘动物优良生产性状的遗传潜能，增加饲料养分的消化、吸收效率，定向调控动物体内养分的代谢和分配利用途径，少用甚至不用抗生素或药物性添加剂，提高动物产品的质量，减少养殖业环境公害，建立安全、优质、高效生产的技术体系。为此，在畜禽营养与饲料新产品开发方面需开展以下研究。

• 研究畜禽营养物质代谢及其调控技术，用现代营养等技术调控动物营养代谢规律，发挥动物最大生产潜力，最大限度提高饲料资源的利用效率，同时满足消费者对畜产品品质的需求；

• 研究饲料的营养盈缺及平衡技术，开发新型饲料资源，合理利用已有资源，制定科学的营养需要体系，提高有限资源的综合利用效率；

• 利用基因工程、植物有效成分提取等技术研制出拥有自主知识产权的营养分配剂、色素、免疫增强剂、酶制剂、益生素等安全高效添加剂新品种，同时探明上述添加剂对畜禽营养的调控作用及安全性；

• 研究制定出一套完整、科学的饲料安全评价规程，研究制定出影响饲料安全的有毒有害物质、禁用和限用药品的检测技术，建立健全我国的饲料安全评价与监控体系。

（四）畜禽环境控制及废弃物处理技术

畜牧业的进一步发展，将由传统的粗放型向现代集约型转变，由单纯追求数量向追求质量效益、环境友好型转变。无公害清洁生产的规模饲养方式将是畜牧业发展的大趋势。规模化养殖与传统养殖的最主要区别是环境控制技术导入畜牧生产全过程，利用环境控制技术创造先进的工艺、设施、环境条件保证畜禽养殖业高效、安全、与环境协调发展。因此，环境工程是畜禽养殖实现高效率和高水平的先决条件和主要标志。

在畜禽环境质量保证方面，主要利用图像处理、传感技术及计算机信息技术，研究开发新的环境质量监测技术，建立畜舍养殖环境监测系统，实现对环境因子的实时监测和远程监控；针对养殖过程中的温湿度、有害气体、光照强度及光照颜色、饲养模式及饲养密度、舍内微生物、粉尘等单一或复合环境因子，对动物行为、生产及生理变化开展一系列研究；设计开发多功能新型环境安全型建筑材料和工艺设备，并综合环境、畜牧、营养、工程等技术，实现畜禽生产的精准控制。

在废弃物处理及节能减排方面，通过产前、产中、产后各阶段技术的应用，共同实现节能减排。产前阶段：一方面要合理选址、合理规划、建设适度规模畜禽养殖场。另一方面，通过配制低蛋白日粮、使用酶制剂、有机微量元素等安全高效型饲料添加剂，完善饲料生产工艺等技术手段，提高养分利用率，从生产源头上实现节能减排。产中阶段：通过多阶段饲养、选择优质垫料和施放酸化剂、蒙脱石等，以及采用节水型饮水器、节水型圈舍清洗方式等科学养殖技术实现节能减排。产后阶段：通过物化处理、生物发酵和热力学转换技术，实现废弃物的无害化处理、资源化利用和减量化排放。同时，"种—养—加""种—养—沼""种—禽—林"等多种生态养殖模式的应用，可以将养殖业与种植业、水产业、林业等有机结合，提高畜禽废弃物的转化利用率，降低能耗，促进养殖业和农业生产的生态循环发展。

我国健康养殖业迫切需要在优质和抗逆畜禽新品种选育、优质无公害饲养、疾病防控、高效繁殖、环境控制和共用数据平台和决策支持系统研究等一系列健康养殖关键技术方面取得突破，形成健康养殖先进的技术体系。推进动物健康养殖，实现养殖业安全、优质、高效、无公害健康生产，保障畜产品安全是养殖业发展的必由之路。

二、国外健康养殖技术现状

健康养殖关键技术研究已成为与产业发展具有强劲互动作用的重要技术领域，是当前养殖业科技活动中最为核心和活跃的研究领域。

为了满足安全、优质和高效动物产品生产的技术需求，20 世纪 90 年代以来，动物营养代谢及其调控、动物产品安全生产及其检测技术、动物应激及其福利、动物环境控制及其饲养技术、动物排泄物无害化增值处理方法研究、技术开发和标准制定一直是国际动物科学研究的最核心的内容之一。并在国际绿色和平组织、动物福利组织等社团组织和各国行业协会、政府部门的推动下通过立法、制定标准等手段直接约束养殖业生产和养殖业产品的国际贸易。

健康养殖关键技术的研究和标准制定已成为当前世界各国实施养殖业绿色技术壁垒的最直接和有效的手段。例如，欧盟饲用抗生素使用禁令的颁布、《京都议定书》中对各发达国家反刍动物饲养量的限制、荷兰等一些发达国家对养殖场排污颁布恶劣的法令限制等。

采取多学科集成和交叉研究，并以提高动物产品质量和安全、提高动物福利、减少养殖业公害为主线的健康养殖业生产是一项系统工程。任何一项措施的作用效果，都会在时空上受制于其他要素因子的影响。动物育种、营养和饲料、饲养环境和工艺、检测技术是集约化生产条件下实现健康生产一组密不可分的矛盾方面。为此，国际上自 20 世纪 90 年代后期，将动物育种、营养和饲料、畜禽应激、环境调控技术有机地结合起来进行综合研究已成为该学科领域发展的主要特点。如美国农业部农业研究司 1999 年起资助"动物福利和应激控制系统"项目对动物福利进行研究，设置了 11 个方面的研究课题，包括牛、猪和鸡福利的衡量指标、动物的适应性（研究遗传和环境对生产性能的影响）、群体行为、环境应激及环境管理决策支持系统等研究内容，正确和科学地认识环境应激及其程度，并研究出适当的处理措施，减少环境应激带来的巨大经济损失。该研究能为生产体系的合理设计提供数据库和科学的理论基础，同时对现有的管理措施进行评价、检验和完善，旨在减少环境应激，提高动物福利，增强畜禽产品的国际竞争力和促进畜牧业的可持续发展。日本从 20 世纪 80 年代初期就建立自动化程度高的人工气候舱对家禽的有效温度模型进行研究，旨在为家禽提供舒适的饲养环境。美国肉用动物研究中心环境实验室 1982 年开始对奶牛在高温环境下的生理指标和行为参数（如体温、呼吸频率和采食量）的变化进行监测，并以此为基础研究开发出决策系统和完善管理措施。美国和荷兰已相继开发出畜禽环境应激预警模型，如美国的 SHOAT 模型和荷兰的畜禽舒适环境模型。

数字化、标准化程度高，大大加速了本领域科技成果的产业化速度。健康养殖动物营养代谢与调控研究是针对性、实践性非常强的应用基础研究，因此也是需求拉动性很强的研究领域。同时，这些研究成果会迅速转化成动物生产和产品贸易中的法律、法规和标准。

随着经济全球化的深入推进和我国加入世贸组织，配额、许可证等直接限制性的关税贸易壁垒逐渐减弱，"绿色壁垒"等"合法"的贸易壁垒已经逐渐成为一些国家尤其是发达国家实施贸易壁垒的重要形式。继绿色壁垒使中国农产品在出口过程中遭受了严重损失后，近年来一些国家又将动物福利作为动物产品进口的新标准，以此作为它们市场准入的重要条件。因此，近年来因动物福利问题而遭遇贸易壁垒的案例时有发生，"动物福利"正逐渐成为贸易壁垒的新动向，成为畜牧产品、水产品等国际贸易中的一道新的壁垒。

动物福利（Animal Welfare）越来越受到人们的重视。在30多年前，一些西欧国家就提出了这一概念。到了1990年，中国台湾学者夏良宙从对待动物的角度，概括了动物福利的基本含义：“善待活着的动物，减少动物死亡的痛苦”。动物福利的提出是一种观念的进步，它是基于保护动物的尊严及其内在价值的考虑，体现了人类的情感，是人类进步的表现，同时，它也是基于人类健康的考虑，在饲养、运输、屠宰等过程中注重动物福利能提高动物的生产性能，提升其自然品质，保证人类的食肉安全。研究证明，动物长期生活在痛苦、恐惧之中，体内会分泌出一种毒素，对食用者身体造成危害。动物福利更是基于本国的贸易利益的考虑，世界上有100多个国家有关于动物福利方面的立法，不但在动物饲养、运输和屠宰过程中，要求执行动物福利标准，而且，对于进口的动物产品也要求符合动物福利法规方面的技术指标，构建了各自的“进口门槛”——动物福利壁垒。

实施动物福利能有效地提高畜牧业的生产力。实际上，善待动物并为其提供舒适的生存环境，投喂营养全面的日粮，能减少个体间的争斗，保持动物的健康和活力，增加采食量，提高饲料转化率、动物存活力和生长速率，从而大大提高畜禽生产力。

第四节 实行健康养殖 HACCP 管理体系的意义

一、HACCP 简介

HACCP 是危害分析与关键控制点（Hazard Analysis Critical Control Point）的简称，它通过对影响食品安全的显著危害加以识别、评估和控制，保障食品在生产过程中免受可能发生的生物、化学、物理因素的危害。该体系的宗旨是将可能发生的食品安全危害消除在生产过程中，强调对危害的预防，而不是依赖于最终产品的检验。

HACCP 可以应用于从初级生产到最终消费的整个食品产业链，被国际权威机构认可为控制由食品引起的疾病最有效的方法。

HACCP 体系最早出现在 20 世纪 60 年代，美国的 Pillsbury 公司在为美国太空计划提供食品期间率先提出 HACCP 概念。他们认为抽样检验的方法本身具有局限性，不能保证产品 100% 合格，而确保安全的唯一办法就是开发一个预防性的体系，防止生产过程中危害的发生，由此逐步形成了 HACCP 体系。

HACCP 基本原理由 7 个部分组成，分别是：危害分析与预防控制措施；确定关键控制点（CCP）；建立关键限值（CL）；关键控制点监视；纠正和纠正措施；验证程序；记录保持程序。在充分了解产品生产流程的基础上，根据 7 个原理制定的 HACCP 计划书是这一体系的主要组成部分，与生产相关的其他程序文件如良好养殖规范（GAP）和标准操作程序（SOP）是 HACCP 计划书得以实行，CCP 得到控制的支撑计划，它们共同组成 HACCP 体系，保障食品生产的安全性。

1985 年，美国国家科学院提出 HACCP 体系应在食品加工中强制使用。1993 年，食品法典委员会批准了《HACCP 体系应用准则》，HACCP 开始在世界范围内得到推广。1997 年 12 月 18 日起，美国所有的水产品加工厂及进口的水产品必须实行 HACCP。

二、我国实行畜禽健康养殖 HACCP 的现状

20 世纪 80 年代后期，HACCP 传入中国，原商检系统对 HACCP 体系进行学习和研究，从 1990 至今可分成 3 个阶段。

（一）探索与实践阶段（1990—1996 年）

1990 年 3 月国家商检局组织了“出口食品安全工程的研究和应用计划”的研究项目，其中包括水产品、肉类、禽类和低酸性罐头食品在内的 10 种食品被列入计划中，10 余个直属商检局，近 250 家食品生产企业参加了这一计划，撰写了数十篇研究和应用 HACCP 体系原理的论文。

同年 4 月，原国家商检局派员参加了美国农业部（USDA）举办的

HACCP 体系培训班。1993 年 3 月国家水产品质检中心、联合国粮农组织（FAO）和中国农业部在青岛举办了全国首次水产品质检 HACCP 培训班。

这一阶段，原国家商检局积极参加国际会议，分别于 1990 年、1992 年、1994 年、1996 年派员参加了 CAC 水产品专业委员会（CCEP）的第 19、20、21，22 次会议；1995 年 10 月在浙江省杭州市举办了国际食品质量和安全控制研讨会，对 HACCP 概念进行广泛的讨论。

（二）实施美国水产品法规阶段（1997—2000 年）

1997 年 3 月，原国家商检局派员参加了 FDA 在华盛顿农业部举办的水产品 HACCP 体系法规 FDA 管理官员培训班，为出口食品生产企业全面实施 HACCP 体系打下良好的基础。

1997 年 5 ~8 月，原国家商检局在华东、华北、华南举办了四期 HACCP 体系法规和商检管理官员培训班，共计 220 多名商检人员接受了培训并通过了考试。此后全国各地商检部门纷纷举办相关的培训，逐渐形成学习 HACCP 法规、建立 HACCP 体系的高峰。1997—1998 年世界银行对华水产品贷款项目要求接收贷款的水产品企业必须实施 HACCP 体系，国家水产品质检中心受农业部委托在青岛举办了第二期培训班。1999 年 4 月和 2000 年 5 月 FAO 与农业部在大连与烟台分别举办了 HACCP 培训班，此期间官方和企业食品质量管理人员约有数千人参加了 HACCP 原理和法规相关内容的学习。

1997 年 12 月 18 日，美国水产品法规（21CFR Part 123，124）正式实施。我国出口美国水产加工企业积极建立 HACCP 体系，当年就有 139 家企业的 HACCP 计划和卫生标准操作程序（SSOP）及其实施获得了原国家商检局的批准，并于 1997 年 12 月 16 日提交美国 FDA。目前，已有 500 多家水产品加工企业按照美国的水产品法规建立和实施 HACCP 体系。此后我国水产品与欧盟的注册工作也获得了突破，在一般水产品加工企业名单中，我国已从二类升为一类。

（三）统一管理，全面推广阶段（2001 至今）

从 2001 年开始，根据国务院的授权，认证认可工作由中国国家认证认可监督管理委员会（以下简称认监委）负责，其中也包括 HACCP 体系的认证认可。从此认证认可工作实现了统一归口管理，国家的这一举措，为全面实施 HACCP 体系提供了组织保障。

2002 年 3 月 20 日，认监委发布了第 3 号公告《食品生产企业危害分析与关键控制点（（HACCP）管理体系认证管理规定》（以下简称《规定》），这一《规定》从食品生产企业 HACCP 管理体系的建立、实施、验证和认证等几个方面，规范了食品生产企业实施 HACCP 体系的认证监督工作。

2002 年 4 月 19 日，国家质检总局公布了 20 号令《出口食品生产企业卫生注册登记管理规定》，要求对列入《卫生注册需评审 HACCP 体系的产品目录》（以下简称《目录》）的出口食品生产企业，需根据《出口食品生产企业卫生要求》和《HACCP 及其应用指南》建立 HACCP 体系。目前列入《目录》的六大类食品有罐头类、水产品类（活品、冰鲜、晾晒、腌制品除外）、肉及肉制品、速冻蔬菜、果蔬汁、含肉或水产品的速冻方便食品，这是目前我国首次强制性要求食品生产企业实施 HACCP 体系，标志着我国应用 HACCP 体系进入新的阶段。

中华人民共和国卫生部 2002 年发布（［2002］174 号）《食品企业 HACCP 实施指南》。卫生部在 2003 年 8 月 14 日发布了《食品安全行动计划》，规定积极推行 HACCP 方法，并为此制定了行动目标，其中规定 2006 年所有乳制品、果蔬汁饮料、碳酸饮料、含乳饮料、罐头食品、低温肉制品、水产品加工企业、学生集中供餐企业实施 HACCP 管理。2007 年酱油、食醋、植物油、熟肉制品等食品加工企业、餐饮业、快餐供应企业和医院营养配餐企业实施 HACCP 管理。

农业部办公厅农办牧［2004］4 号《关于开展饲料行业 HACCP 安全管理体系及产品认证试点工作的通知》，要求从 2004 年开始，组织开展饲料行业 HACCP 安全管理体系认证和饲料产品认证试点。2004 年 4 月 20 日德佳牧业 HACCP 安全管理体系试点成功，标志着我国饲料行业实施 HACCP 及其认证进入崭新的一页。

2007 年，农业部先后出台《肉用家畜 HACCP 管理技术规范》和《肉用家禽 HACCP 管理技术规范》，为我国在管理肉用畜禽生产源头上应用 HACCP 体系提供了指导。同时，我国逐渐将 HACCP 原理应用到畜禽养殖场兽药安全管理体系构建中，有利于解决由于兽药使用管理不当造成的畜产品安全问题。此外，我国在标准化商品肉鸡场建设中，利用 HACCP 技术，确定影响标准化肉鸡场生物安全的关键控制点，并提出相应的解决措施，确保优良生产环境，为养殖场创建生物安全体系提供了一套新的发展思路。

三、畜禽养殖业建立 HACCP 体系的必要性

我国是畜牧业大国，畜牧业在国民经济中占较高比例。加入世界贸易组织（WTO）前很多人认为我国的养殖业是具有较大优势的出口创汇产业，因为我国的肉价比国际市场普遍低。但优势仅仅在低廉的价格上，而在品种结构、卫生标准、品质质量、包装等方面与发达国家有较大的差距，致使我国畜禽产品出口量十分低微。据统计，1998 年我国肉类出口量仅占世界总产量的 0.8%。我国畜禽产品出口量少的原因有二：一是一些养殖、经营企业和个人对安全食品认识不足，只顾追求利润，不顾产品质量，使劣质毒害药残畜禽产品充斥市场。二是欧美等国对我国出口产品的安全卫生质量，特别是对农、兽药残留的要求越来越高，有些达到 ppb 级，有些要求不得检出。1994 年以来，我国牛肉、猪肉几乎不能出口美国；2002 年 1 月，欧盟以部分动物源食品中抗生素超标为由，宣布暂停从中国进口动物制品，2006 年 1 月，欧盟实行新的食品安全法规后，才逐步放松；2002 年 3 月中旬，日本厚生省宣布对我国动物产品实施严格检查，并公布了 11 种药物的残留限量。

在国内市场，畜禽产品的安全卫生也日益成为消费者关注的问题。由于某些企业和个人不讲职业道德，畜禽产品安全事件时有发生。以广东为例，2002 年 8 月、11 月、2003 年 3 月信宜市、河源市、佛山市分别有 250 人、484 人、156 人因食用含瘦肉精的猪肉而中毒。种畜禽产品安全事件让消费者对畜禽产品失去信心，很多人甚至不敢吃鸡肉、猪肉。面对严峻的国际国内市场，如果不解决好我国的畜禽产品安全问题，将出现国内产品出不去而又被国人所排斥，国外产品反将大量涌进来的被动局面，必定会影响我国在世界贸易中的形象和国内畜牧业生产的发展。因此，我国畜禽养殖业建立 HACCP 体系以保障畜禽产品的安全卫生质量是十分有必要的。

（一）对提升我国畜产品国际竞争力具有重要意义

从国际市场看，畜禽产品的安全卫生质量问题已成为制约我国畜禽产

品扩大出口的瓶颈，尽管这些年来我国在出口肉类产品方面具有较为明显的价格竞争优势，其中牛肉、猪肉和禽肉等的出口潜力较大，但这些出口潜力却没能得到很好的发挥，使潜力成为现实，其中最突出的是安全卫生质量问题。由于畜禽产品存在安全性等问题，从 1994 年以来，我国的猪肉、牛肉几乎不能进入美国市场；欧盟至今仍禁止进口我国的猪肉、牛肉和禽类产品；我国的近邻日本和韩国宁可舍近求远从其他国家高价购买，也不从我国进口低价的偶蹄动物产品；俄罗斯需要大量进口肉类，但是，对我国肉类安全卫生质量不信任，给我国的进口配额远远低于其他国家，我国猪肉进入俄市场后不准鲜销生卖，必须从口岸直接运到加工厂加工成熟食后才能销售，而从欧美进口的则可以直接销售。特别是近年来，我国出口的动物源性食品常常因为其安全卫生质量问题而被退货、销毁甚至封关，使我国动物和动物产品即使价格低廉也难以进入国际市场，价格低廉的竞争优势基本丧失。

近年来，药物残留是影响动物产品国际贸易的重要因素，也是动物产品贸易技术性壁垒的主要表现形式，被世界各国所高度重视。由于一些西方工业发达国家对动物产品中的抗生素要求越来越严，而且在动物源性食品中抗生素残留量的检测已成为世界肉类贸易中重要的技术指标和技术性壁垒之一，也已成为制约我国动物产品出口的瓶颈。

目前，我国畜禽养殖业由动物疫病造成的经济损失越来越严重：据有关报道，自改革开放以来，从国外传入或国内新发现的动物疫病达 30 多种。目前，猪、牛、羊、禽的死亡率分别达 8%、1%、4% 和 18%，每年因发病死亡造成的直接经济损失高达 200 亿～250 亿元，相当于畜牧业总产值的 2.5%～3.1%，农民人均损失 25～35 元。由于发病造成的动物生产性能下降、畜禽产品品质下降、饲料消耗增加、人工浪费、防治费用增加、环境损害及相关产业的经济损失就更加巨大，估计为发病死亡造成损失的 3～5 倍。从目前的情况来看，动物疫病正在直接或间接地影响着我国畜牧业在国内外市场中的竞争力。

因此，当前我国的畜牧业必须大力推进动物健康养殖，尽快建立起一套完整的标准体系与国际接轨，改善目前的饲养方式，生产出质量安全的畜禽产品来提升我国动物产品在国内、国际市场上的竞争力。

（二）对提升我国畜产品品质具有重要意义

近年来，我国的养殖业发展迅猛，目前我国的肉类和禽蛋均跃居世界第一位，已成为名副其实的畜牧大国。现代畜牧业为人类提供了极其丰富的肉、禽、蛋、奶等产品，但其安全性愈来愈受到广大消费者的关注。由于动物源性食品卫生安全问题屡屡发生，动物源性食品的卫生安全已经成为消费者日益关注的一个问题，越来越影响着消费者的消费欲望和消费信心。可以说，近年来在国内由于畜禽产品的安全性问题日益凸显，消费者对畜禽产品产生了信任危机，养殖业正面临严峻挑战。

畜禽养殖过程中产生的应激反应、兽药残留、畜禽疾病、畜禽饲养设施设备、人畜互作都与动物福利有关。而市场上出现的所谓的“注水猪肉”、“注水鸡肉”、“注水牛肉”以及饲养、运输、屠宰过程中因应激反应产生的PSE（苍白的、松软的、渗出性的）、DFD肉（色暗的、坚硬的、发干的）直接影响了畜禽产品品质。随着人们生活水平的逐步提高，人们对食品安全和健康越来越关注，需求也越来越高。在超市，标有“绿色鸡蛋”标签的鸡蛋比鸡场笼养饲养的鸡蛋卖价高一倍多，但还是有注重健康和生活品质的人们，愿意花高价购买绿色鸡蛋，这说明人们的保健意识提高了，绿色食品大有市场，人们对健康食品的需求会越来越大。

因此，顺应时代及社会的需求，在保持我国优势畜禽业发展的基础上，寻求更高发展模式，创新发展，实行健康养殖，提高畜禽产品品质，满足人们日益增长的健康需求。

（三）对改善畜牧业养殖环境具有重要意义

规模化养殖业的发展增加了饲料添加剂、氮、磷、重金属等对水体和土壤环境的污染，来自养殖业的污水排放已经成为继工业污染和城镇生活污染之后的第三大污染源，治理压力增加。

2001年12月，国家环保总局与国家质量监督检验检疫总局联合发布了《畜禽养殖业污染物排放标准》（GB 18596—2001），按集约化对不同规模的畜禽养殖业分别规定了水污染物、恶臭气体的最高允许日均排放浓度、最高允许排水量和养殖业废渣无害化环境标准。这已经从法制层面上对畜牧业的无序发展进行了限制，传统的单纯以经济效益为目的非健康养殖模式必须摒弃，取而代之的是健康养殖模式。健康养殖以保护动物健康、保护人类健康、生产安全营养的畜产品为目的，最终以无公害畜牧业的生产为结果。健康养殖的核心就在于体现经济、社会和生态效益的高度统一。

第二章　HACCP 的起源、发展及应用

第一节　HACCP 的起源与发展

一、HACCP 的概念

HACCP 是“Hazard Analysis and Critical Control Point”英文字母的缩写，意为“危害分析与关键控制点”。它是一种科学、高效、简便、合理而又专业性很强的食品质量安全管理体系，是一种控制食品安全性危害的预防性体系，但不是一种零风险管理体系。国际标准 CAC/RCP-1“食品卫生通则 1997 修订 3 版”对 HACCP 的定义是：鉴别、评价和控制对食品安全至关重要的危害的一种管理体系。

HACCP 是应用食品加工、微生物学、化学和物理学，质量控制和危害评估等原理和方法，对整个食品链，即原料、加工、包装、贮藏、销售和消费过程中实际存在或潜在的危害进行分析评估，确立影响产品安全的关键控制点，制定与关键控制点相对应的预防控制措施，以保证产品质量的安全性。它强调生产企业本身对产品安全的控制作用，着眼于预防而不是依靠对最终产品的检验来保证食品的安全，是迄今为止最有效的保证食品安全的管理体系。

二、HACCP 的起源与发展

（一）HACCP 的起源

20 世纪 60 年代，Pillsbury 公司承担太空计划中宇航食品的开发任务，

这项工作由该公司的 H. Bauman 博士领导的研究人员与美军陆军 Natick 实验室，以及美国国家航天航空局（NASA）共同承担的。然而，这一任务的最大难点是要尽可能地保证太空食品具有 100% 的安全性，不能被细菌、毒素和化学试剂污染。在开发研究过程中，研究人员认识到，采用传统的质量控制技术和最终产品的检验方法，并不能保证最终产品的安全性，不得不对产品进行大量的品质检测，除了检测费用昂贵以外，生产出来的每批产品绝大部分用于实验室检测，只有一小部分用于宇航食品。为此，Pillsbury 公司研究了 NASA 采用的零缺陷方案，这种用于硬件的测试形式，如 X 射线、超声等是非破坏性的，虽然符合研究要求，但不适合食品。为了解决这一问题，经过广泛的研究，他们提出应建立一个预防性质量安全管理体系，对生产的全过程进行监控来保证食品安全。从此便诞生了 HACCP 质量安全管理体系，这就是最早的 HACCP 的雏形。

（二）HACCP 的发展

1971 年，在美国第一次国家食品保护会议（NFPC）上，Pillsbury 公开提出了 HACCP 体系，被美国食品和药物管理局（FDA）接收，并决定应用于低酸性罐头食品生产中。1974 年，美国联邦法规（CFR）低酸罐头食品的良好操作规范（GMP）中正式引入 HACCP 原理，这是美国有关食品生产中首次使用 HACCP 管理体系，也是国际上首部应用 HACCP 体系的法规。

1985 年，美国科学院食品微生物基准委员会（NAS）对 HACCP 体系的有效性进行评价，认为对最终产品的检验并不是保证食品安全和保护消费者健康的有效手段，HACCP 体系在控制微生物危害方面比传统的检验和质量控制更具体、更严格、更有效。从此 HACCP 体系被所有执法机构采纳，并且对食品加工者来说是强制性的。

1987 年，美国国家海洋和大气管理局由国会责成设计一项类似于 HACCP 体系的检验和监督程序以改进鱼和海洋制品质量的检测方法，并成立了美国国家微生物标准咨询委员会（NACMCF），该委员会对 HACCP 的概念、原则、定义应用研究概况进行了阐述，使该体系进一步完善，并对其专门术语进行汇总。

1989 年，NACMCF 更新了原有的 HACCP 原理，把 HACCP 原理由原来的3项增加到7项，并发布了“食品生产的HACCP原理”。

1992年和1997年，NACMCF对HACCP的7项原理分别做了再次修改，并建议用判断树来确定关键控制点，从而形成了目前世界通用的HACCP体系。

在HACCP发展与推广中，美国食品药物管理局（FDA）、国家海洋渔业局（NMFS）、美国农业部食品检验署（USDA/FSIS）、国家食品加工者协会、美国渔业协会（NFI）和一些技术咨询机构等做了大量的工作。经过40多年的发展，HACCP已经被世界各个国家和组织认可，联合国食品法典委员会（CAC）以HACCP为精髓的国际法规也日益成熟。

总之，HACCP体系已发展为目前被世界公认的科学、简便、实用的食品安全预防性控制体系。

三、HACCP的7个基本原理

HACCP是对食品加工、运输以至销售整个过程中的各种危害进行分析和控制，从而保证食品达到安全水平。它是一个系统的、连续性的食品卫生预防和控制方法。以HACCP为基础的质量安全管理体系，主要由7个基本原理组成。1999年联合国食品法典委员会（CAC）在《食品卫生通则》附录《危害分析与关键控制点（HACCP）体系应用准则》中，将HACCP的7个原理确定如下。

原理Ⅰ：危害分析（HA）

危害分析是对原料、加工、贮存、运输、销售等环节存在和潜在的危害进行分析判断。危害分析一般分为两个阶段，即危害识别和危害评估。在危害识别阶段，应全面地列出存在和潜在的生物、化学、物理危害；其次对所有危害进行评估，即对每一个危害的风险及其严重程度进行分析，以决定安全危害的显著性；最后提出相应的控制措施，以防止、消除或将其降到可以接受的水平。

原理Ⅱ：确定关键控制点（CCP）

对危害分析中确定的每一个显著性危害，必须有一个或多个控制点对其进行控制。一个CCP就是产品加工过程中的一个点、步骤或程序，在关键控制点采取控制措施，就能预防、消除产品的安全危害，或使危害降低到可以接受的水平。

原理Ⅲ：确定关键限值（CL）

确定关键限值就是确定对每个 CCP 要采取预防措施的临界值，即最大或最小值。为了预防、消除或将安全危害降到可以接受的水平，必须控制每个关键控制点的物理、生物或化学危害的临界值。临界值是对关键控制点（CCP）采取预防措施的安全界限。一个临界值通常是一个读数或观察值，诸如温度、时间、pH 值等。

原理Ⅳ：确定监控程序

为了评估每个 CCP 是否处于控制之中，必须对每个关键控制点的控制参数进行有计划地观察和测量，即监控。通过监控，可以对每个 CCP 的观察和测定值与其关键限值进行比较，从而判断 CCP 是否得到控制。

原理Ⅴ：纠偏行动

纠偏行动是当监控结果与关键限值发生偏离时必须实施的。纠偏行动应包括以下 3 项内容。

（1）确定发生偏离的原因，及时采取措施将发生偏离的参数重新控制在关键限值的范围之内，同时采取预防措施，防止这种偏离的再次发生。

（2）确定在发生偏离期间生产的产品及其处理方法。

（3）记录纠偏行动的执行情况。

原理Ⅵ：验证程序

验证程序的正确制定和执行是 HACCP 计划成功实施的重要基础，其核心是“验证才足以置信”。HACCP 的宗旨是防止产品安全危害的发生，验证的目的是提供置信水平。一是证明 HACCP 计划是建立在严谨、科学的基础上，它足以控制产品本身和工艺过程中出现的安全危害；二是证明 HACCP 计划所规定的控制措施能被有效地实施，整个 HACCP 体系按规定的程序有效运转。

原理Ⅶ：记录保存程序

在实施 HACCP 管理体系的过程中，需有大量的技术文件和日常的检测记录。这些记录应该包括：①HACCP计划和用于制定该计划的支持性文件；

②关键控制点监控记录；③纠偏行动记录；④验证活动记录。除了以上 4 项记录以外，还应有一些附加记录，如员工培训记录、检测化验记录、设备的校准记录等。

第二节 国内外 HACCP 体系的应用

一、HACCP 体系在国际上的应用

（一）国际组织

1988 年，世界卫生组织（WHO）在工作提纲中指出，世界各个国家应在食品卫生教育和培训工作中加强对 HACCP 的宣传和培训，同年建议，为了防止李斯特杆菌的污染，各国应在食品企业中广泛推行应用 HACCP 体系。

在 1991 年和 1993 年，世界卫生组织（WHO）和国际食品微生物标准委员会联合发行了如何实施应用 HACCP 的技术手册。

联合国粮农组织（FAO）在 1994 年起草的《水产品质量保证》文件中规定，应将 HACCP 作为水产品企业进行卫生管理的主要要求，并使用 HACCP 原理对企业进行食品安全控制，并提出 HACCP 与质量管理体系 ISO 可以兼容。

1993 年 7 月，在食品法典委员会第 20 届会议上，食品卫生专业法典委员会（CCFH）提出并批准了《HACCP 应用准则》，1997 年又颁布了新版的法典指南《HACCP 体系及其应用准则》，作为《食品法典—食品卫生基础文件》3 个文件之一，被世界各国广泛地接收并得到普遍应用，并被收入食品法典 1B 卷中。准则指出：HACCP 管理体系具有科学性和系统性；它确定特定的危害及其控制措施，以保证食品安全；HACCP 管理体系的应用课贯穿从原料的生产到产品消费的全部环节；实施 HACCP 除了可以提高食品安全水平外，还会带来其他重要益处。该总则特别指出，有关 HACCP 应用于食品安全管理的概念，可以推广到其他质量管理工作中。

1997 年 6 月，在荷兰召开了有美国、日本、英国、澳大利亚、欧盟等 18 个国家和组织参加的“肉和禽肉检查国际会议”，决议指出，作为世界食品卫生主流，在食品加工控制中，应当采用 HACCP 体系。今后对于食品卫生，需要“从农田到餐桌”全面加以考虑，并要有相应的卫生管理程序。

1998 年 6 月，在挪威召开的第 23 次水产品法典委员会（CCFFP）会议上，讨论了《水产品操作规程建议草案》，该法典草案列出了新鲜鱼、冻鱼、软体贝类、咸鱼、烟熏鱼、水产罐头和养殖水产品的 HACCP 模式，根据世界贸易组织（WTO）的协议，联合国食品法典委员会（CAC）制定的法典规范或准则将被视为各国食品是否符合卫生、安全要求的尺度。

1997 年，国际食品法典委员会年发布了食品安全卫生的管理规则《危害分析与关键控制点体系及其应用指南》，为全球食品安全管理及认证提供了大纲性要求。该指南要求食品企业按照 HACCP 原理实施管理即可将影响食品安全的因素降至可以控制的程度，其内容包括进行危害分析、确定关键控制点、建立关键控制点的监控程度、验证记录等环节。

目前，联合国食品卫生法典委员会已将 HACCP 概念认可为世界范围的准则。

（二）美国

美国是最早将 HACCP 引入食品安全法规的国家。在食品安全控制中，美国农业部管理肉禽类，FDA 管理其他食品。经过 30 多年的努力，美国已制定并实施了以下 HACCP 法规，同时用于对国内消费国产食品和进口食品的安全管理。

1973 年 1 月 26 日，美国 FDA 首次将 HACCP 原理引入法规，发布了 21CFR Part 113《密封容器内低酸性食品的热杀菌》，形成了世界上第一个以具体商品为对象的 HACCP 法规。该法规叙述了设备、操作、记录和对杀菌、封口监督人员的培训要求，该法规于 1973 年 3 月实施。

1985 年，美国科学院（NAS）对美国食品法规的有效性进行了评估，推荐政府管理部门采纳 HACCP 方法，对生产企业实施强制性管理。该提议促成了 1998 年美国 HACCP 原理标准化机构——美国食品微生物标准顾问委员会（NACMCF）的成立。NACMCF 是美国农业部特许下的专家委员会，由美国农业部食品安全检验署（USDA/FSIS）、美国卫生部食品药物管理局和疾病预防控制中心（DHHS/FDA，CDC）、美国商业部国家海洋渔业署（USDC/NMFS）、美国国防部军医局（US2DD/OASG）、学术界和工业界人员组成。NACMCF 向美国农业部和卫生部提供食品微生物安全标准的指南和建议。

1992 年，NACMCF 统一了 HACCP 的 7 个原理，成为美国 FDA 制定水产品 HACCP 法规（21CFR 123）和其他国内、国际 HACCP 控制体系的基础。1997 年 8 月 14 日，NACMCF 发布了《危害分析和关键控制点原理及应用准则》，该准则使得 HACCP 的理论系统更趋成熟。

1994 年 8 月，美国食品与药物管理局（FDA）公布了食品和安全保障计划，倡导在整个食品行业中使用 HACCP 体系，并于 1999 年 4 月修订了低酸罐头食品法规和酸化食品法规，并首次运用了 HACCP 原理。

1995 年 12 月，美国 FDA 制定和颁布了《水产和水产品加工与进口安全卫生规程》，即“水产品 HACCP 法规”，自 1997 年 12 月 18 日正式施行，其内容涉及肉类检验、微生物检测、检验报告和记录保存的要求、卫生、HACCP 体系等。

1996 年 7 月 25 日，美国农业部（USDA）食品安全检验署（FSIS）对国内外肉禽加工企业《减少致病菌、危害分析和关键控制点体系最终法规》，即“肉和禽类及其制品 HACCP 最终法规”，并于即日起生效。该法规适用于美国所有的水产品加工实体，以及所有对美国出口的外国水产品加工实体和所有的进口商。

1998 年 4 月，FDA 建议对水果和蔬菜汁的企业实施 HACCP 管理，经过试行后，于 2001 年 1 月 19 日，FDA 颁布了《加工、进口果蔬汁的安全卫生措施》，即“果蔬汁 HACCP 法规”，要求果蔬汁的加工者和进口商执行 HACCP 法规。该法规于 2002 年 1 月 22 日正式执行，对于中、小型企业分别在 2003 年 1 月 21 日和 2004 年 1 月 20 日生效。

2000 年 FDA 还会同美国国家州际牛奶货运同盟，启动了 A 级奶制品 HACCP 指导计划，并将在适当时机提出奶制品 HACCP 法规。

2005 年，美国 FDA 和 CDC（美国疾病控别中心）/US2DA FSIS 发布了

《2005 食品法典》。该法典附录 4《食品安全规范的管理——达到对食物源疾病风险因素的主动管理控制》，详细列出了 HACCP 原理及其应用，供美国各州制订或更新其食品安全法规时作为模式使用，并使之与国家食品管理政策保持一致。

2013 年 1 月美国 FDA 发布的法规草案《良好操作规范以及危害分析基于风险的预防控制措施》将 HACCP 的理念贯穿于食品加工体系的方方面面，突破了原先仅应用在水产品、果汁、低酸罐头等的限定，延伸至所有在美国 FDA 注册的所有食品企业，从法规层面大大扩大了 HACCP 的应用范围。

（三）欧盟

2015 年，美国《食品安全现代化法》（FMSA）配套法规《食品现行良好操作规范和危害分析及基于风险的预防性控制》（简称 117 法规）于 9 月 11 日正式实施生效，作为 FMSA 框架内首个生效的配套法规，该法规要求所有在美销售的食品，其生产、加工、包装及储藏企业都需要满足 GMP 和 HACCP 要求。2015 年 FMSA 还发布了多项配套法规，如食品农产品 GAP 法规，供应商确认程序、第三方审核/认证机构认可，动物饲料预防控制措施等，对输美食品企业形成持续压力。

欧盟的前身欧共体委员会于 1994 年 5 月 20 日做出决议，应用欧共体理事会 91/493/EEC（《水产品生产和投放市场的卫生条款》）指令，颁布了一系列法规：对水产品加工企业实施作自我检查的 94/365/EEC 法规；欧盟内部肉和肉制品贸易卫生问题的 92/5/EEC 法规；市场中粗乳、加热乳、原料乳及乳制品的 92/46/EEC 法规。这些法规要求食品生产企业做到 HACCP 原则要求的操作步骤，以保证食品的安全卫生。

1993 年 6 月颁布的 EU93/43/EEC 法规（食品卫生条例），要求食品经营操作者在 HACCP 原则的基础上，确定他们行动的关键步骤，以确保食品安全程序得到确定、执行、维持和回顾，并以此来进一步发展 HACCP 体系。

欧盟规定 1995 年 1 月 1 日以后进入欧盟的海洋食品必须在 HACCP 体系下生产，否则对最终产品进行全面测试。

2002 年欧盟《通用食品法》实施，进一步确认了 HACCP 的重要意义，要求欧盟各成员国的食品生产销售企业要全面的应用 HACCP 建立质量安全控制体系。

欧盟委员会于 2008 年 2 月要求人用与兽用药品生产企业于 2008 年 3 月 1 日起正式实施根据 ICH Q9 制定的名为《EU Guidelines to Good Manufacturing Practice Medicinal Products for Human and Veterinary Use Annex 20 Quality Risk Management》的指南。有欧盟专家建议制药企业可以使用 HACCP 的方法完善工艺研发，明确关键工艺参数，促进 HACCP 方法在药品质量风险管理中的应用。

（四）加拿大

加拿大海洋渔业署（DFO）对水产品企业颁布了《质量管理纲要（QMP）》，它以 HACCP 原理为基础，规定了食品生产企业建立关键控制点及其控制的质量管理的最低要求并由 DFO 负责实施和进行符合性的验证，这使得加拿大水产品行业成为世界上第一个受到 HACCP 计划管理的加工业。

1997 年，加拿大农业和农业食品检验局制定了食品安全促进计划（FSEP），主要针对“农田到餐桌”供应链上的加工环节，范围包括在联邦注册的鱼、奶、肉、蛋与蛋制品、加工果蔬、蜂蜜、枫糖和养鸡孵化厂等 9 类企业。加拿大食品检验检疫署（CFIA）按照产品风险度的高低划分企业执行 HACCP 管理体系的先后次序，实现了由自愿到强制执行 HACCP 管理体系的过渡。从 2000 年 6 月开始，首先对肉、禽制品企业实施 HACCP 管理体系强制认证，2005 年 11 月 29 日为过渡期的最后期限，未通过认证的企业将被取消联邦注册的资格。

2000 年 9 月，加拿大动物营养学会以 GFTC 的航天食品计划模式为基础，研究开发了畜禽颗粒饲料 HACCP 通用模型，这一模型已得到加拿大食品安全检测官方机构的认可。

2003 年 11 月，CFIA 组织实施农场食品安全计划。由政府出资并制定框架，按照 18 种不同产品分类与相应行业协会合作开发 OFSP 模式，但该模式持有权最终归行业协会。目前，各产品的 OFSP 模式处于研发阶段，还没有一种产品的 OFSP 计划通过 CFIA 审核而进入实施阶段。

为了协助企业开发自己的 HACCP 管理系统，加拿大食品安全检验局和食品产业界开发了一些通用模型。这些模型是按产品和加工类型涉及的，具有通用性，各个企业可根据自身的特点加以丰富，已适应自己的需要。目前，加拿大已经开发出 4 类 26 个通用模型，包括肉和禽产品 16 个，蛋鸡 1 个、蔬菜、水果、蜜蜂及枫树加工产品 6 个，奶类 4 个，极大方便了各种企业 HACCP 体系的开发。

（五）澳大利亚和新西兰

1984 年，在澳大利亚工业界迅速接纳了 HACCP 体系，并在乳制品工业中大力发展 HACCP 体系。与此同时，Qantas 航空公司为保证航空食品的安全也在发展 HACCP 计划。澳大利亚检疫局（AQIS）在所有的出口食品部门实施 HACCP 质量安全管理体系（如水果/粮食/肉/水产品和蔬菜）。

到 20 世纪 90 年代中期，许多以 HACCP 为基础的管理体系在澳大利亚得到广泛的应用。澳大利亚检验检疫署正在建立有关水产品、乳制品和蛋制品的新的检验体系，该体系要求食品企业对各种生产的食品要有书面的 HACCP 计划，该计划一旦被检验检疫署批准就成为政府执法部门实施检验的基础文件。

新西兰农业部食品法规机构（MAFRA）1997 年 3 月向食品加工企业提供了以 HACCP 为基础的生产和检验体系，认为实施 HACCP 体系，减少了畜、禽胴体污染的可检测指标，并提高了加工和检验的效率。

为了使新西兰和澳大利亚的食品安全生产标准化，澳大利亚和新西兰食品机构（ANFA）1994 年发布了《食品工业的食品卫生导则开展框架》，其主要内容是食品企业如何实施 HACCP 体系，以指导食品企业根据不同食品行业的特点形成详尽的 HACCP 体系。该机构认为，未来的食品管理体系应当是一个以风险分析为基础的预防性体系，在食品安全方面企业应该承担更多的责任，为此，他们正在制定全国同意的食品安全计划（FSP），其制定的依据就是 HACCP 管理体系。

2001 年澳大利亚和新西兰批准了对食品安全法规的修订，要求生产企业在良好操作规范的前提下，建立和实施 HACCP 体系。澳大利亚肉类与畜牧业公司的数据显示，2015 年销往中国的牛肉较 2012 年增长了 6 倍，总额接近 10 亿澳元。在牲畜屠宰环节，澳大利亚的出口动物屠宰场严格按照 HACCP 条例进行操作，每一只畜体在被盖上合格的印章之前都要经过兽医检疫官的检验，所有信息最终会被传输到供应商申报书上，并在进行牲畜交易时被出示。

（六）日本

1993 年，日本厚劳省对典型的 20 多种特定的食品 HACCP 体系进行了研究，提出了食品的 HACCP 模式，并发表了《食用鸡加工厂 HACCP 卫生管理指南》，同年，日本政府对水产品采取 HACCP 体系提出了实施方案。

1998 年 5 月，日本厚劳省和农林水产省发布了《食品之制造过程高度化管理相关临时措施法》，其目的是确保食品卫生安全质量，健全食品加工过程的各项程序。同年 7 月，日本制定了《食品制造过程高度化管理的基本方针》，对实施 HACCP 管理体系进行了详尽的阐述。目前，日本已对 27 种食品的 HACCP 管理体系进行了研究，已有包括乳和乳制品、禽肉制品鱼肉制品等 524 家企业通过了 HACCP 认证。

2003 年，日本对《食品安全法》进行了修订，此法明确了日本政府对国内与进口食品在各个环节的质量监督程序。在此基础上，建立了以危害分析和临界控制点（HACCP）系统为基础的卫生控制系统。2006 年实施了《食品残留农业化学品肯定列表制度》，主要对食品中残留农药的量进行了明确规定。

（七）马来西亚和泰国

马来西亚 HACCP 管理体系认证方案（MCS HACCP）描述了食品企业获得 HACCP 认证的程序，此方案由马来西亚卫生部（MOH）管理，包括要求食品企业和实施符合马来西亚 HACCP 管理体系认证方案标准的 HACCP 管理体系，以及如何申请和授予认证。马来西亚卫生部已经建立了 HACCP 专家委员会，以保证 HACCP 管理体系的顺利实施。

1991 年，泰国渔业局实施了自愿性的 HACCP 水产品检验项目。该项目包括渔业 HACCP 前期试验的实施、审议检验程序及对检验员和企业进行

HACCP 培训；加工企业通过进行设备检验、关键控制点的控制、记录的审议和质量项目的有效确认来实施 HACCP 项目的最后控制。1996 年，该项目通过农业部立法程序对已审批的水产品加工企业进行强制性执行。已审批的加工企业必须有已执行 HACCP 检验计划，报渔业局备案、确认，并不断更新 HACCP 检验步骤。从 1991—1995 年项目执行效果来看，HACCP 实施方案在渔业发展非常迅速。1997 年，有 65% 的企业已经完全实施了 HACCP 检验项目，25% 的企业正处于发展阶段，10% 的加工企业处于起步阶段。目前，所有渔业局审批的加工企业均实施了 HACCP 管理计划。1999 年，其他食品行业如肉类、家禽、蔬菜和水果产品也开始实施 HACCP 管理体系，许多政府机构和研究机构，如家畜发展部、食品医药管理局、泰国行业标准研究所、国家食品协会也开始实行 HACCP 审核计划。

（八）其他国家

英国政府面对近年来相继出现的疯牛病、猪瘟和口蹄疫等，采取了一系列新措施，颁布了新的法律。如从发现第 1 例疯牛病开始，政府就开始强化食品的质量安全体系，采取了严格的管理措施，控制事态的发展。1995 年食品安全法规提出了为获取区议会许可证所必须满足的 4 个条件，其中对 HACCP 系统做了明确的规定。

2002 年 7 月荷兰正式成立了荷兰食物和非食物权力机构（The Dutch Food and Non-food Authority)，总部设立在海牙。该机构是一个全新的独立于卫生部的特别组织，作为农渔部的派出单位，负责食物非食物动物卫生的检测工作。荷兰 HACCP 系统认证程序和欧盟其他成员国基本一致。第三方认证机构的 HACCP 认证，不仅可为企业食品安全控制水平提供有力佐证，而且有利于促进企业 HACCP 系统的持续改善，尤其是将有效提高顾客对企业食品安全控制的信任度。HACCP 系统认证通常分为企业申请、认证审核、证书保持、复审换证 4 个阶段。

二、HACCP 体系在我国的应用

据资料记载，我国最早报道 HACCP 是在 1980 年。我国卫生部于 20 世纪 80 年代后期，开展了对 HACCP 体系的宣传和培训工作。中国的罐头食品加工企业已按照美国联邦法规的要求进行运作，但是绝大部分没有将 HACCP 体系的管理理念文件化并建立相应的体系。

从 1991 年起，国家进出口商品检验局科技委食品专业委员会开始食品加工业应用 HACCP 体系的研究，在引进发达国家食品行业 HACCP 体系的基础上，制定了冻猪肉、冻鸡肉、活鳗、烤鳗、冻对虾、蘑菇罐头、竹笋罐头、春卷、蜂蜜 9 种出口食品的 HACCP 模式，并制定了 GMP，这是 HACCP 在中国首次运用。

1994 年，原国家商检局（CCIB）科技委食品专业委员会公布了《在出口食品加工中建立“危害分析与关键控制点质量管理体系”的导则》，1995 年 10 月，CCIB 与联合国粮农组织（FAO）在杭州联合举办了“出口食品安全质量控制和检验国际研讨会”，FAO 专家和我国国内专家就 HACCP 体系的理论和实践做了专题研讨。

1997 年以来，原国家商检局监管认证司和国家出入境检验检疫局认证监管司颁发了一系列有关文件，组织翻译、编写了美国《水产品 HACCP 教程》、美国 FDA 的《水产品危害和控制指南》、《出口果蔬汁 HACCP 体系的建立与实施》、《出口罐头 HACCP 体系的建立与实施》等，并组织有关人员出国考察与培训。验证审核了 180 余家水产品加工企业，并为其中 139 家企业颁发了验证证书。

2001 年 6 月，中国商检总公司 HACCP 认证协调中心在福州成立，使食品行业 HACCP 认证由单纯的官方认证向授权的第三方认证转变，开始了我国 HACCP 体系认证的新阶段。国家认证认可委下属的中国进出口企业认证机构认可委员会（CNAB）发布了《以 HACCP 为基础的食品安全体系认证机构认可实施指南》，使我国食品行业 HACCP 工作步入了法制化、规范化管理的轨道。

2002 年 4 月 19 日，我国国家质量监督检验检疫总局发布了 2002 年第 20 号令，明确提出了《卫生注册需评审 HACCP 体系的产品目录》，第一次强制性要求 6 类出口食品生产企业建立和实施 HACCP 管理体系，将 HACCP 管理体系列为出口食品管理法规的一部分。2002 年 5 月 1 日，国家认证认可委员会发布实施《食品生产企业危害分析与关键控制点（HACCPA）管理体系认证管理规定》，进一步规范了食品生产企业 HACCP 管理体系的建立、实施、验证以及 HACCP 的认证工作。

直至目前为止，有 80% 以上出口水产品加工厂和一些出口罐头、肉禽产品、冻菜、果蔬汁等生产企业建立了 HACCP 体系。随后，农业部门和卫生部门也开展 HACCP 推广运用。农业部于 2002 年启动了饲料行业 HACCP 管理，一年内举办两期 HACCP 培训班，并派人去加拿大考察 HACCP 认证和管理，为我国饲料行业开展 HACCP 认证奠定了坚实的基础。

2004 年国家认证认可监督管理委员会（全书简称国家认监委）发布《基于 HACCP 的食品安全管理体系规范》，使全国范围内的食品生产企业和各认证机构对食品安全体系有了统一的依据。2005 年，国家认监委组织开展了国家“十五”科技攻关项目“食品企业和餐饮业 HACCP 体系建立和实施”，起草制订了 HACCP－EC－01《食品安全管理体系要求》通用评价准则，该标准从 2005 年开始，已在罐头、水产品、肉及肉制品、速冻果蔬、果蔬汁、含肉和水产品的速冻方便食品和餐饮业类食品行业推广应用。2005 年底，国家标准《食品安全管理体系　食品链中各类组织的要求》的制定，使 HACCP 在中国的应用得到进一步发展。2009 年 6 月 1 日起实施的《中华人民共和国食品安全法》明确提出，国家鼓励食品生产企业实施 HACCP 体系，提高食品安全管理水平，表明 HACCP 在食品安全控制及管理过程中将被作为一项长期的手段得以更深层次的应用。

第三节　HACCP 体系在我国养殖业中的应用

近年来，HACCP 作为食品行业的食品安全与卫生预防性管理体系已被许多国家采用。它是运用食品工艺学、微生物学、化学和物理学、质量控制和危险性评价等方面的原理与方法，对整个食品链中实际存在和潜在的危害进行危险性评价，找出对终产品的安全有重大影响的关键控制点并采取相应的预防、控制措施以及纠偏措施，在危害发生之前加以控制，从而最大限度地减少那些对消费者具有危害性的不合格产品出现的风险，实行对食品安全、卫生质量的有效控制。

一、我国畜禽业建立 HACCP 体系的必要性

近年来，我国畜禽养殖业迅猛发展，促进了大多数养殖地区的经济繁荣，但同时由此引发的环境问题和社会问题不可低估。目前，由于一些中小型畜禽养殖场饲养管理水平低、人员素质差、缺少饲料分析和疾病监测的仪器设备，以及片面注重疫病的治疗，没有规范化、制度化的管理防疫措施，致使畜禽的各种传染病和非传染病发病率逐年提高，给畜禽养殖业造成了极大损失，同时也威胁着人类健康。

HACCP 体系在畜禽养殖中的运用已在国际上得到重视，欧洲和北美地区的国家已强制实行 HACCP 体系。我国加入 WTO 后，畜禽产品产业面临着前所未有的机遇和挑战，入世前很多人认为我国的畜禽养殖业是具有较大优势的出口创汇产业，因为我国的肉价普遍比国际市场低。但在品种结构、卫生标准、品质质量、包装等方面与发达国家有较大的差距，致使我国畜禽产品出口量十分低微。我国畜禽产品出口量少的原因：一是部分养殖、经营企业和个人对安全食品认识不足，只顾追求利润，不顾产品质量，使劣质、药残超标的畜禽产品充斥市场；二是欧美国家对我国出口产品的安全卫生质量；特别是对农、兽药残留的要求越来越高，有些要求达 10^{-9} 级，有的甚至要求不得检出。此外，在国内市场，畜禽产品质量安全事件屡屡发生，让消费者对畜禽产品失去信心，很多人甚至不敢进食肉类食品。

技术壁垒成为市场准入障碍，竞争需要“健康产品”、“品牌产品”。面对严峻的国际、国内市场，如果不解决好我国的畜禽产品安全问题，将出现国内产品不能出口且被国人排斥，而国外产品却大量进入的被动局面，这必定会影响我国在世界贸易中的形象和国内畜牧业的发展，因此在我国畜禽养殖业中建立 HACCP 管理体系，保障畜禽产品的安全、卫生是十分必要的。

二、我国畜禽养殖业 HACCP 体系分析

在我国，以 HACCP 为基础的食品安全保障体系正于畜禽类食品加工过

程中加紧实施，而在畜禽养殖场贯彻 HACCP 体系还刚刚起步。目前，国际上的相关组织正在推动把 HACCP 体系应用到食物生产的整个过程中，当然也包括养殖，应用 HACCP 的前提是规范养殖场的管理，其管理目标明确，即在食品生产各个环节上遵守食品法规和规定，通过分析、控制各关键点质量，保证生产出符合标准的安全食品。

在养殖场实施 HACCP 体系时，首先，要建立一支熟悉养殖生产的 HACCP 队伍，包括养殖场生产、管理、技术和卫生等在内的所有工作人员，以及畜禽类质量鉴定等方面的专家；其次，对产品的标准加以规范，鲜活产品可供消费者充分烹饪后食用或加工成有附加值的产品；最后，绘制养殖产品流程图和各关键点说明书，并对流程图加以评估。整个 HACCP 体系的运用过程可以归纳为以下 7 个步骤。

（1）通过鉴定和评估不同养殖方式的各个生产环节，进行危害分析 HA，并提出危害控制的措施。

（2）确定关键控制点 CCP，将有利于食品卫生质量的危害降低到可接受的水平。

（3）确定能够确保 CCP 处于控制之下的临界限度。

（4）通过试验，建立一个监控 CCP 的系统。

（5）设立一个改正装置，当监控发现某一 CCP 超出限度时能起作用。

（6）建立一套程序，确保 HACCP 能够有效工作。

（7）建立一套档案，记录所有程序。

危害分析和预防措施是 HACCP 计划中最重要的一个环节。危害分析是确定 HACCP 体系的基础，而预防措施则是控制危害的行为。在畜禽养殖过程中应用 HACCP 的原理，对可能存在的危害作出分析，并在生产过程中的各个环节做好相关的工作，从源头上抓好畜禽产品的安全卫生质量才能让消费者放心地消费家禽产品，才能保障畜禽养殖业健康发展。

三、我国养殖过程中的危害分析

（一）环境污染

环境对畜禽养殖业的污染主要为工业“三废”、化肥、农药、城市生活垃圾等通过空气、水源、土壤、农作物、饲料等环节对畜禽的污染。工业“三废”、化肥、农药中的重金属如汞、砷、铅及其他有毒成分，一方面通过水源直接进入动物体内对畜禽造成危害，另一方面残留在农作物中通过饲料对畜禽造成危害。人长期食用被重金属及其他有毒物质污染的畜禽产品，其有毒成分可长期在体内储蓄浓缩，对人体造成严重危害。如有机氯农药对人体神经系统和肝脏造成损害，出现肌肉震颤、抽搐、麻痹、肝肿大等，有机磷农药会引起共济失调、神经失常等神经毒症状。城市生活垃圾中的细菌、病毒或寄生虫也可以通过水源、土壤、空气及饲料等传播给畜禽，引起畜禽发病进而由畜禽产品危害人的健康。

（二）劣质饲料

劣质饲料是指制成饲料的原材料不良、饲料配方不合理、饲料贮存不当而变质等；用由不良原料（如发霉、受到环境污染）制成的饲料或因贮存不当而变质的饲料饲喂畜禽，其毒素在动物体内可蓄积引起中毒；饲料的配方不合理是指饲料中的某些成分缺乏或过多。如果采用劣质饲料饲养畜禽，会影响其产品的质量及安全卫生。

（三）不良品种

不良品种是指生长发育迟缓、畜禽产品质量差（如颜色、风味、口感异常）、抗病力低的畜禽品种。这些品种不符合畜禽养殖业的经济效益，而且更易感染疫病从而对畜牧业生产及人类健康造成危害。

（四）畜禽疫病

许多动物疫病已经日益成为直接影响畜禽产品安全的主要因素。动物疫病危害畜禽产品的安全，主要是动物疫病可以使畜禽产品携带可感染人的细菌、病毒或寄生虫等，引起人发病，如疯牛病、禽流感。

（五）兽药残留

在畜禽养殖过程中用来预防和治疗疾病的某些兽药，如链霉素、青霉素、土霉素等抗生素，球痢灵等驱虫药，由于超量或长时间应用，以及在屠宰前未能按规定停药，都有可能导致兽药残留在畜禽产品中。

四、我国畜禽养殖过程中危害控制措施

（一）场址选择

养殖场要合理规划，科学选址，远离一切污染。养殖场的土壤、水质要符合养殖要求，对可能的污染源进行常规调查监测，发现污染情况要立即处理。

（二）品种选育

抓好畜禽品种选育工作，选用优良品种或其二三元杂交种，对生长发育迟缓、易感染疾病的品种要及时淘汰。

（三）饲料选用

选用新鲜、无污染、配方合理的优质饲料饲喂畜禽。畜禽产品的安全首先要饲料安全，要保证饲料安全就必须从有国家批准文号、有质量保证的厂家进货，并且要正确贮存，在保质期内使用饲料。对饲料供应商进行验证，通过实验室分析对饲料品质进行监测，确保饲料不受任何污染、各种养分均衡且不含生长激素。

（四）疫病防治

提高疫病的诊疗水平，建立健全的动物疫病、疫情预警监测体系，加强基层防疫力量，做到及时发现、及时上报、及时控制。根据检疫信息，做好疫病的重点防治工作。

（五）兽药使用

合理使用兽药，严格遵守使用对象、途径、剂量及停药期的规定。对兽药的使用进行记录，对用量进行监督，分析代谢降解周期。对处于代谢降解周期内的畜禽不销售、不屠宰。

（六）生长激素的控制

做好思想教育和技术培训工作，提高家畜养殖从业人员的职业道德，严禁使用一切生长激素。对畜禽进行定期检测，发现生长激素呈现阳性的畜禽应进行无公害化处理，并对有关人员追究责任。

（七）在饲料的生产加工过程中施行HACCP体系

HACCP能够有效的保证饲料的卫生安全、保证动物健康的生长发育，

并生产出合格的健康绿色畜产品，能够提高我国饲料的质量水平，满足国际饲料贸易中一贯重视生产过程质量控制的基本要求，努力促进我国饲料产品与国际饲料生产的竞争力；可以提高饲料 HACCP 生产企业的质量控制意识，提高饲料生产企业的质量，控制技术水平；实施 HACCP 管理系统，必将进一步推进我国饲料标准体系建设和完善的步伐。

总之，世界各地的养殖系统各不相同，其危害的原因是多方面的，有管理不当、环境污染等。但 HACCP 体系已成为食品链从原料到消费过程中安全控制的最佳和首选模式。在正确的养殖管理中应用 HACCP，必定能提高畜禽产品的食用安全性，产品也能顺利进入国际市场，给养殖者带来更大的经济利益。

我国加入 WTO 后，推行作为国际通行准则的 HACCP 已是大势所趋，HACCP 已在我国部分畜禽产品加工或出口企业中实施和认证，但在畜禽养殖业中应用还处于起步阶段。为了保证我国畜禽产品品质，增强畜禽产品的国际贸易竞争力，在畜禽养殖业中推行 HACCP 管理体系已势在必行，这不仅能使畜禽养殖的全过程实现无公害管理，为消费者提供安全、卫生、质量高的畜禽养殖产品，而且能使我国畜禽养殖业走向健康可持续发展，提高政府对畜禽养殖的监管水平，并产生良好的社会效益和经济效益。由于我国应用 HACCP 体系的时间较晚，存在问题多，因此必须加强基础研究工作和立法工作，完善各种规章制度和法律法规，大力宣传 HACCP 的应用理念，同时要成立专门的监督部门进行严格监控，对畜禽养殖过程进行全线控制，最终保证为消费者提供安全卫生的畜禽产品。

第三章　良好农业规范(GAP)

“民以食为天，食以洁为安”。食品安全问题已成为当前国内外普遍关注的焦点。确保畜禽产品卫生安全的关键在于养殖源头，而控制养殖源头质量安全的关键在于实施标准化、规范化健康养殖。2005 年 12 月 31 日，国家标准化管理委员会颁布实施了《良好农业规范认证实施规则（试行)》和 GB/T 2001411 －11—2005 良好农业规范国家标准。2007 年 1 月 26 日，国务院出台《关于促进畜牧业持续健康发展的意见》，提出要加快畜牧业增长方式转变，大力发展健康养殖，构建现代畜牧业产业体系，提高畜牧业综合生产能力，保障畜产品供给和质量安全。畜牧业是农业中最具活力的支柱产业，在畜禽养殖业中推广应用良好农业规范（GAP）体系，具有重要的现实意义。

第一节　良好农业规范(GAP)简介

一、良好农业规范的概念

良好农业规范（GAP）是英文 Good Agricultural Practice 的缩写。联合国粮农组织将其定义为：应用现有的知识来处理农场生产和生产过程的环境、经济和社会的可持续性，从而获得安全而健康的食物和非食用农产品。这是一个广义的概念，具体地说，良好农业规范就是一套针对初级农产品生产（包括作物种植和动物养殖）的操作标准，它通过规范种植、养殖、采收、清洗、包装、贮存和运输等农业生产过程，保障农产品质量安全，同时，实现环境保护、可持续发展、职工健康安全福利以及动物福利等目标。

应用于畜牧生产的GAP，根据畜牧生产的通用要求和不同的动物品种，分成畜禽基础、牛羊、奶牛、猪、禽及畜禽的公路运输六部分，每一部分都列出了可接受的控制点和符合性规范，包含了畜牧生产中涉及的饲料、兽药、畜产品质量安全、动物健康福利、员工健康福利等内容，并将HACCP的原理应用到畜牧生产的各个环节，通过这一系列制度和措施的建立，期望将GAP这一管理理念能有效且一致地被畜牧养殖业所普遍采用。

二、良好农业规范的发展概况

（一）良好农业规范在国外的发展概况

近30年来，伴随着农业生产的高速发展，化学品和能源的过度投入以及对土壤的掠夺性使用所造成的农产品食品污染，土壤肥力下降、环境破坏等问题日益突出。1991年联合国粮农组织召开部长级农业与环境会议，发表了著名的博斯登宣言，提出可持续农业和农村发展（SARD）的概念，得到联合国和各国的广泛支持。良好农业规范作为实现可持续农业的主要技术手段应运而生。目前，美国、加拿大、澳大利亚、欧盟等国家和地区都已制定了良好农业规范标准或法规。其中欧盟零售商组织1997年建立的由生产者、包装者、分销商及供应商共同遵守的良好农业规范（被称之为EUREP-GAP），得到迅速的推广和发展，到2005年11月，通过欧盟良好农业规范认证的面积达到745 503hm^2,62个国家和地区的34 586多家农产品生产者获得认证。

（二）良好农业规范在国内的发展概况

我国良好农业规范主要来源于欧盟良好农业规范（EUREPGAP）。2003年以来，国家认监委、标准委与欧盟零售商组织开展技术合作，以欧盟良好农业规范（EUREPGAP）标准为主要参考，着手相关标准的翻译和资料收集工作，并成立“我国GAP合格评定体系专家组”，结合我国实际情况，起草编写相关规范和标准，制定了《良好农业规范认证实施规则（试行）》，并会同有关部门联合制定了GB/T 2001411－11—2005良好农业规范等国家标准，用于指导认证机构开展作物、水果、蔬菜、肉牛、肉羊、奶牛、生猪和家禽生产的良好规范认证活动，每个标准包含通则、控制点与符合性规范、检查表和基准程序。

中国良好农业规范（ChinaGAP）是结合中国国情，根据中国的法律法规，参照EUREPGAP的有关标准制定的用来认证安全和可持续发展农业的规范性标准。适用于畜牧业的良好农业规范系列国家标准如下。

（1）GB/T 20014.1 良好农业规范第一部分术语。

（2）GB/T 20014.2 良好农业规范第二部分农场基础控制点与符合性规范。

（3）GB/T 20014.6 良好农业规范第六部分畜禽基础控制点与符合性规范。

（4）GB/T 20014.7 良好农业规范第七部分牛羊控制点与符合性规范。

（5）GB/T 20014.8 良好农业规范第八部分奶牛控制点与符合性规范。

（6）GB/T 20014.9 良好农业规范第九部分生猪控制点与符合性规范。

（7）GB/T 20014.10 良好农业规范第十部分家禽控制点与符合性规范。

（8）GB/T 20014.11 良好农业规范第十一部分畜禽公路运输控制点与符合性规范。

2006年8月，国家认监委、标准委决定于2006年、2007年两年在我国18个省和直辖市开展良好农业规范认证试点工作。2007年1月18日，确定了第一批286家单位为项目试点单位，其中生猪试点单位35家。至今，中国已有24项GAP国家标准。GAP认证的国际互认工作，将帮助出口企业跨越国外技术壁垒，有效提高中国农产品的国际竞争力，有利于中国农产品的出口。

三、在畜禽养殖业中实行良好农业规范的意义

（一）推行良好农业规范是解决畜牧生产源头污染的根本之策

近年来，我国养殖业发展迅速，集约化、规模化水平越来越高，散养逐步淘汰。但是，养殖业从疫病防治、兽医用药、饲料添加剂使用、饲养技术到加工工艺和废弃物处理等环节都没有形成相应的管理体系，以保障畜禽及其产品的卫生与安全。非法使用违禁药物、饲料添加剂等问题时有发生，造

成动物及其产品中药物和重金属元素残留严重超标。如一部分猪肉中砷的残留量超出安全猪肉允许量的8倍以上，不仅对人们的身体健康和生命安全造成威胁，而且对我们赖以生存的生态环境也造成严重危害。多起瘦肉精超标事件，向人们敲响了食品安全的警钟。良好农业规范从生产过程控制着手，对水源条件和兽药、饲料添加剂等化学投入品的使用管理等方面提出了很高的要求并进行了规范的控制，能够有效地从根本上解决畜禽生产源头污染问题。

（二）推行良好农业规范是提高动物及其产品品质的有效措施

由于现代畜禽业盲目追求高密度、快速生长和高瘦肉率，导致动物产品风味和加工品质下降，PSE（苍白、松软、渗出）肉的发生率增加，加之产品中的脂肪和胆固醇含量一般较高，已引起消费者越来越多的不满。因此，迫切需要建立和推广健康养殖技术，发展新型工业化养殖，改善养殖环境和动物福利，减少应激，提高动物及其产品品质。

（三）推行良好农业规范是现代畜牧生产适应新农村建设的迫切需要

随着养殖的快速发展，动物粪尿和养殖污水已经成为我国农业领域的污染大户。在一些养殖集中地区，污水横流，臭气冲天，蚊蝇孳生，水体、土壤严重污染，畜禽疾病不断。通过推广良好农业规范，不仅可以大量减少使用高铜、高锌添加剂以及砷制剂等产生严重环境公害的各种添加剂，同时也可降低粪尿中氮、磷等的排出量，提高饲料养分的利用率，大大降低猪场废弃物排放量和粪污无害化利用水平，促进资源节约、环境友好型养殖业的发展，实现“村容整洁”。

（四）推行良好农业规范是养殖企业应对“绿色壁垒”走向国际高端市场的有力手段

当前，发达国家在生物安全、药物残留、环境公害、动物福利等方面频频制造“绿色壁垒”，使我国动物产品出口遭受重大损失，并严重影响国内市场。如，日本于2006年5月29日开始实施的“肯定列表制度”，对所有农产品生产加工中可能用到的农药、兽药、饲料添加剂等农业化学品，都分别作了严格的限量规定。良好农业规范可以从养殖源头解决化学残留问题，使农药、兽药使用处于可控状态，使企业质量安全控制体系实现与国际规范接轨，在对外迎检中，容易获得国外官方的认可。目前，已有部分日本进口商开始向我国供货农场索要 EUREPGAP 证书，想以此为依据，突破官方“肯定列表制度”，走“绿色通道”。因此，获得良好农业规范认证证书是实现与国际买家沟通的通行证。

四、GAP和其他质量管理体系之间的关系

（一）GAP 和 HACCP 的关系

GAP 和 HACCP 体系都可以作为保证食品安全而制定的一系列措施与规定。应用于畜禽养殖业领域，GAP 是适用于所有相同类型产品的畜牧养殖企业的原则，而 HACCP 则是依据畜产品生产过程的不同而建立的；GAP 体现了养殖企业质量管理的普遍原则，HACCP 则是针对每一个养殖企业生产过程的特殊原则。

GAP 的内容是全面的，它对养殖生产过程中的各个环节和各个方面都制定出具体的要求，是一个全面质量保证系统。HACCP 则突出对重点环节的控制，以点带面来保证整个养殖过程的安全。形象地说，GAP 如同一张预防各种危害发生的网，而 HACCP 则是其中的纲。从 GAP 和 HACCP 各自特点来看，GAP 是对养殖企业的生产场址、生产条件、生产工艺、生产行为和环境管理提出的规范性要求，而 HACCP 则是动态的畜产品质量安全的管理方法，GAP 要求是硬性的、固定的，而 HACCP 是灵活的、可调的。

GAP 和 HACCP 在养殖生产管理中所起的作用是相辅相成的，通过 HACCP 系统，我们可以找出 GAP 要求中的关键项目，通过运行 HACCP 系统，可以控制这些关键项目达到标准要求。掌握 HACCP 的原理和方法还可以使监督人员、企业管理人员具备敏锐的判断力和危害评估能力，有助于 GAP 的制定和实施。

（二）GAP、HACCP、ISO 9000 三者的关系

GAP 是制定和实施 HACCP 计划的基础和前提条件，如果企业没有达到 GAP 法规的要求，那么 HACCP 计划就是一句空话，三者的关系见图 3－1

所示。

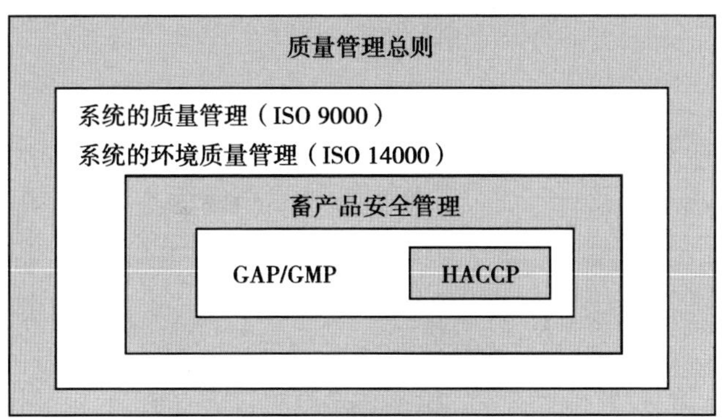

图 3－1　各质量管理体系之间的关系

由图 3－1 我们可以得出以下几点结论：①养殖生产的各个环节必须严格遵守 GAP 良好操作规范，员工按照操作规程工作；②按照 ISO 9000 标准中规定的各项内容，在全员中贯彻“满足顾客要求”的质量意识，真正做到全员参与质量管理；③HACCP、GAP 及 ISO 9000 在畜产品质量控制中的整合应用，ISO 9000 是一种通用的质量管理标准，相当于一个基本平台，通过 ISO 9000 质量体系的建立来推行其他 HACCP、GAP 体系的建立。

第二节　健康养殖良好农业规范（GAP）的主要内容

与畜牧生产有关的良好农业规范包括：养殖场的选址要适当，以避免对地貌、环境和畜禽福利的不利影响；避免对牧草、饲料、水以及大气的生物、化学和物理污染；经常监测畜禽的健康状况并调整放养率及时调整饲料和供水；为避免对畜禽的伤害，在设计、建造、挑选、使用饲养设备时充分考虑畜禽所处的生产阶段和生活习性；防止兽药和饲料中添加的化学物质及其残留物进入食物链；尽量减少抗生素的非治疗使用，实现畜牧业和农业有机结合，通过养分的有效循环减少废弃物的清除、养分流失和温室气体释放等问题，按照制定的安全操作标准，严格遵守安全生产条例；保持牲畜购买、育种、淘汰、销售、饲养计划和饲料采购等记录。畜禽养殖过程中 GAP 所覆盖主要步骤见图 3－2。

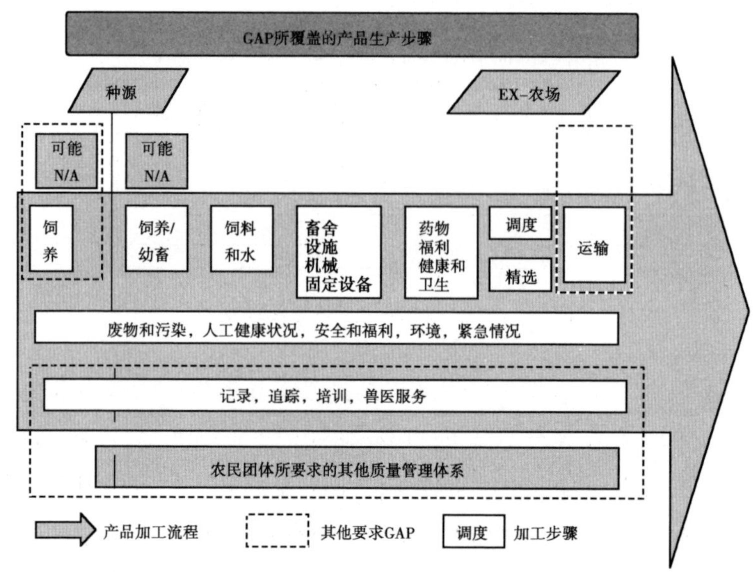

图 3－2　畜禽养殖过程中 GAP 所覆盖主要步骤

一、畜禽养殖场址、设施和设备方面

场址选择应综合考虑自然条件因素和社会条件因素，本着因地制宜、科学饲养、环保、高效的原则，建在地势平坦、干燥、交通方便、背风向阳、场地水质良好、水源充足、排水良好的地方，做到整体布局合理，便于防火和防疫。周围 3 000m 无大型化工厂、矿厂或其他畜牧污染源，距离学校、公共场所、居民居住区不少于 1 000m，距离交通干线不少于 500m。采取清污分流和粪尿的干湿分离等措施，保持环境整洁，实现清洁养殖。场内分设生活管理区、生产区及粪污处理区。生产区和生活管理区相对隔离，生产区在生活区的常年主导风向的下风向或侧风向；粪便污水处理设施和焚烧炉设在生产区、生活管理区的常年主导风向的下风向或侧风向处。

圈舍的空间应满足不同生理阶段猪适宜的饲养密度，有良好有效的通风、温度和湿度，保持良好的清洁卫生状态，各种设施设备尽量适合猪的行为习惯，不对猪体造成伤害和应激。进行封闭式管理，进出的门应受控。

二、畜禽种源、标识和溯源

畜禽养殖场引进的种用畜禽来自国家批准的种畜禽养殖场，并有畜牧兽医部门出具的检疫证和非疫区证明及车辆消毒证。异地引进种用畜禽及其精液、胚胎应先到当地动物防疫监督部门办理检疫审批手续并经检疫合格。养殖者应保存关于种畜禽来源、品种、来源路径和用于人工授精的精液来源的书面记录。种畜禽养殖场的建立和认定应得到国家主管部门的批准，并建立健全完整、系统的系谱制度。畜禽养殖场应保存畜禽运输记录和国家法律法规及相关要求的运输证明。按照《畜禽标识和养殖档案管理办法》（农业部令2006年67号）的规定和要求，制定畜禽识别机制或程序，对特定的、有要求的某一批次（栏）畜禽进行识别，包括正在接受治疗的畜禽和休药期结束前的畜禽。所有的畜禽能够被单独识别（家禽可以提供批次识别码），且识别码是唯一的，从而保证能追溯到畜禽出生（孵化）的畜禽养殖场。

三、饲料和饮水

（一）饲料

1. 外购饲料

养殖者应购买符合标准要求的或经饲料产品认证的企业生产的饲料和工业副产品（草料除外）。畜禽养殖场保存好饲料原料标签，以作为饲料来源和饲料成分的证据，并保证所有购买的饲料原料能追溯到供应商。畜禽养殖场使用的动物源性饲料应源自获得了《动物源性饲料产品生产企业安全卫生合格证》的生产厂家，动物源性蛋白不得用于反刍动物（奶和奶制品除外）。鱼粉应源自被许可的生产厂家，鱼粉质量应保持稳定并具有可追溯性。

2. 自制饲料

自制配合饲料的畜禽养殖场应保存相应产品的饲料配方，涉及自制饲料的相关人员应具有相关资历（如资格证书、学历证明、培训证明等）或受专业人员的指导。在自制配合饲料中不能直接添加兽药和其他禁用药品。允许添加的兽药制成药物饲料添加剂并经过审批后方可添加，加药饲料应标识清晰、分开贮藏，并制定药物残留处理程序。

（二）饮水

畜禽饮用水质符合 GB 5749 生活饮用水卫生标准的规定。畜禽能获得足够的饮用水（包括放牧的畜禽）。饮水设施坚固且不漏水，并保持清洁。在气候恶劣情况下采取措施保证水的供给。

（三）程序和记录

应建立并保持药物残留处理程序、饲料系统定期清洁的程序、采购记录、人员资格证明、饲料原料标签记录、合格供应商记录、饲料配方记录。

四、用药

（一）具体要求

畜禽养殖场只能使用通过农业部批准、农业部注册过的兽药，并严格遵守每一种药物的使用说明书的规定，确保对药物实行有效的管理，避免给畜禽、员工、消费者和环境带来危害。使用有休药期规定的兽药，应能向购买者或者屠宰者提供准确、真实的用药记录，使购买者或屠宰者能确保畜禽及其产品在用药期、休药期内不被用于食品消费。

畜禽养殖者不得在饲料和动物饮用水中添加激素类药品和国务院兽医行政管理部门规定的其他禁用药品；不得将原料药直接添加到饲料及动物饮用水中或直接饲喂；畜禽养殖场不得将人用药品用于动物；不得使用激素和治疗用的药物作为促生长剂。

畜禽养殖场应定期开展对违禁药物（如激素和其他严禁使用物质）的检测。检测应由独立的、具有资质的实验室进行。兽药残留检测结果能够在抽样系统中追溯到具体的畜禽养殖场，明确哪个养殖场的样品中有残留，样品分析不能由畜禽养殖场自己进行。当药物残留超过最大残留限值时，应启动纠偏计划。

药物（包括需要冷冻的）的储藏应符合使用说明书的要求。在发生意外事故时，应在离药物储藏间不超过10m的地方，有报警装置和相应的处理设施，如洗眼水、足够的清水。所有药物储藏在原有的容器中，并附带原有的标签。过期药物被清晰标识和分开处理。

（二）记录

药物购买记录（包括购买日期、产品名称、数量、批号、有效期和生产厂家）、药物使用和储藏清单、药物管理记录（包括批号、用药日期、用药的畜禽标识代码、用药的畜禽数量、用药总量、用药结束日期、休药期、药物管理者姓名）。

五、无害化处理

处理病死畜禽时，应符合GB 16548畜禽病害肉尸无害化处理规程的要求和法律法规的规定，应有受控专用场所或容器储存病死畜禽，该场所或容器易于清洗和消毒。病死畜禽远离畜栏。

六、环境保护

畜禽养殖污染防治遵循减量化、无害化、资源化和综合利用的原则。规模化畜禽养殖场污染防治符合GB 18596畜禽养殖业污染物排放标准和《畜禽养殖污染防治管理办法》的规定。畜禽养殖场有废弃物处理和销毁设施，排泄物定期从畜舍和饲养设施中运走，畜禽排泄物有足够的田地消纳，可根据当地实际情况采取综合利用措施（如微生物发酵或沼气发酵），遵循先处理后消纳的原则。畜禽养殖场应就超过本场处理能力的过量废弃物与第三方签订正式处理协议。

七、员工健康、安全和福利

生产者应建立培训计划以使所有相关人员遵守良好卫生规范，了解良好卫生控制的重要性和技巧。猪场应有完整的基于风险评估的书面健康安全方针，覆盖猪场所有可能对人体健康造成危害的物质和因素。猪场应有文件化的卫生标准并被全体员工所接受。猪场应与有关责任机构（即各分包方）签订主要针对可能危害员工健康因素的协议。定期检查急救箱内的物品，保证随时可以正常使用。要在可能对员工健康产生危害的工作场所设置警示标识，如“当心中毒”、“注意通风”等。猪场应指定一名管理人员对员工的健康、安全和福利问题负责。应鼓励猪场管理者与员工定期举行双向交流会，公开讨论有关经营或涉及员工健康、安全和福利的问题，员工在猪场的生活区应适于居住的基本条件。

畜禽养殖场所有员工应具有处理可能发生的对身体健康、食品安全、畜禽健康和畜禽动物福利造成伤害的紧急事故的能力，这些紧急事故处理程序包括饲料和水供给不足的处理方法。

畜禽养殖场所有的带电操作均由有资格的电工进行。管理和使用药物的员工经过培训且具备相关的能力和知识。在发生意外事故时，应在离药物储藏间的地方，有报警装置和相应的处理设施，不超过 10m，如洗眼水、足够的清水。在储藏间和最近的电话处应有事故处理程序和联系电话号码名单。

八、畜禽健康、安全和福利

畜禽养殖场具有专职的兽医人员，每年至少一次接受官方兽医的检查。指定一名兽医专家，每年至少要到畜禽养殖场访问一次。应在指定的兽医专家协助下，制定并执行一个文件化的兽医健康计划，每年应对计划进行审核和更新。计划包括：疾病预防措施（包括培训计划）、主要疾病的症状、常见问题的处理措施、使用的免疫程序、使用的寄生虫控制措施、对饲料和水进行药物处理的要求。审核的内容包括：畜群生产性能、畜禽所处的环境、生物安全、员工素质和培训计划。应对每次人工接种免疫的疫苗种类、产地、有效期、批号、畜禽标识号码、日期、用量等详细记录，存档备查。定期对免疫效果进行监测，发现免疫失败及时进行补免。要在猪场隔离区建立治疗圈，对伤残病猪要进行单独护理。对患病和受伤的猪要进行隔离诊断，配备病弱猪的隔离饲养设施。

所有的常压电器设施都安装在畜禽接触不到的地方，且正确接地，以便保护畜禽。所有圈舍饲养的畜禽彼此可视，除了在被诊断的状态（如治疗圈等）。畜禽养殖场在任何情况下都应有对断针的文件化的处理方案，该方案应能确保断针不进入食物链。在休药期结束之前，任何畜禽包括有断针事故的畜禽要被标记且不屠宰。无论何时均以免受伤害、痛苦和疾病折磨的方式对待和管理畜禽。对濒临死亡的畜禽进行屠宰或淘汰处理时应遵守畜禽福利。

第四章　HACCP 体系的基本原理与建立

1999 年食品法典委员会（CAC）在《食品卫生通则》附录《危害分析和关键控制点（HACCP）体系应用准则》中，将 HACCP 的 7 个原理确定为：危害分析和预防措施（原理Ⅰ）、确定关键控制点（原理Ⅱ）、建立关键限值（原理Ⅲ）、关键控制点的监控（原理Ⅳ）、纠偏行动（原理Ⅴ）、验证程序（原理Ⅵ）、建立记录保持程序（原理Ⅶ）。

对 HACCP 基本原理的理解，是建立 HACCP 计划和有效实施 HACCP 管理体系的基本前提。在描述 HACCP 基本原理前首先应充分了解养殖过程中的安全危害。

第一节　养殖过程中的安全危害

养殖过程中的安全危害可以分为生物危害、化学危害和物理危害三类。

一、生物危害

（一）疫病

主要是由病原引起的动物疫病，即传染病和寄生虫病。主要包括农业部第 96 号公告公布的《一、二、三类动物疫病病种名录》内的疫病，这些疫病严重威胁着畜禽安全卫生，对畜牧业生产的危害十分严重。

（二）污染

主要是饮水、饲料被病原微生物污染或免疫接种过程中卫生消毒不严格引起的微生物污染，同时畜禽养殖场建设选址不当，比如建在有工业“三废”污染或农业、城镇生活废弃物污染的地域，也对无公害畜禽生产带来严重威胁。养殖场粪污、有害物质排放也会污染环境，还会对社会公众造成危害。

（三）有害生物

主要是蝇、蚊、虻等节肢动物和鼠类。

二、化学性危害

（一）兽药和消毒药

主要是违规使用或不正确使用兽药和消毒药引起的危害，包括以下情况：使用国家禁止使用的兽药；兽药使用不合理或没有严格执行休药期；兽药贮存不当致使药品过期或变质，达不到效果甚至危害家畜；消毒药品使用不当或使用违禁的消毒药品等。

（二）饲料及饲料添加剂

主要是违规使用或不正确使用饲料及饲料添加剂引起的危害，主要包括以下情况：使用国家禁止使用的原料配制饲料；饲料及饲料添加剂中含有国家法律法规禁止使用的化学物品；药物添加剂使用不当或没有严格执行休药期。

三、物理性危害

主要是饲养管理设备设施的使用不当或员工操作不当造成的危害。包括以下情况：畜舍内的饲养设施设计不合理；饲养工具和兽医器械管理不当或操作不规范；免疫接种操作不当造成断针或针头药品遗失；饮水、饲料、兽药中掺杂金属或其他硬物等。

第二节 危害分析（原理Ⅰ）

危害是指在未得到控制的情况下有可能引起动物不安全的生物、化学或物理的因素。危害分析是指收集和评估对动物安全卫生产生显著危害信息的过程。危害分析和预防控制措施是 HACCP 计划的基础。

正确地分析养殖过程中存在的生物、化学、物理危害是一项带有主观性的工作，该项工作要求有良好的判断能力，要求对养殖动物特性和生产流程有细致的了解，并掌握相关的技能。危害分析一般由 HACCP 工作小组来完成。如果企业没有相应的技术力量也可以向社会求助。

一、危害识别

首先应对照畜禽养殖过程生产操作工艺流程图，从畜禽养殖过程中的每一个环节进行危害识别，列出所有可能的潜在生物、化学和物理危害，不必考虑危害的显著性，列出潜在的危害越全面越好。

在危害识别阶段，HACCP 工作组收集或检查的信息应该包括：

（1）养殖场场址。

（2）防疫手段和措施。

（3）兽药和疫苗的采购与使用。

（4）养殖用饲料和饲料添加剂。

（5）饲养设备。

（6）运送。

利用这些信息或相关的其他信息，工作组在生产操作流程图中列出潜在的生物、化学、物理危害清单。危害识别的重点在于找出那些与每一个操作步骤相关的潜在危害。

二、危害评估

危害评估是危害分析的第二个阶段，是在危害识别的基础上进行的。在危害评估中，HACCP 工作组要对所有的潜在危害的显著性进行判断，只有显著性危害才可列入 HACCP 计划表中。

显著性危害必须具备两个特征，即可能性和严重性。通常根据工作经验、流行病学数据、客户投诉及技术资料的信息来评估其发生的可能性。严重性就是危害的严重程度，用政府部门、权威研究机构向社会公布的风险分析资料、信息来判断危害的严重性。

如果危害的可能性和严重性缺少一项，则不要列为显著性危害。HACCP 只把重点放在控制显著性危害上。

三、预防控制措施

预防控制措施是用来防止或消灭对饲养动物安全卫生可能产生的危害，或使其降低到可接受水平的行为和活动。在实际生产过程中，一种危害可以有多种预防措施来控制，一个预防措施也可以控制多种危害。就整体而言，生物的、化学的、物理的危害可以通过以下方法降低到可接受水平甚至消除。

畜禽养殖过程 HACCP 体系范围内可能发生的一切潜在危害，都应分析其严重程度和发生的可能性。并判定潜在危害是否为显著危害，并提供判定的依据和支持性材料。对识别出的每一个显著危害都应制定预防措施。

（1）预防措施应防止或消除危害，或将危害降至可接受水平。

（2）如没有合适的方法防止或消除危害，应将危害降至可接受水平。同时，对识别出的每一个显著危害都应确定一个或多个关键控制点（CCP），对其进行控制。

在畜禽养殖过程中要防止或消除环境污染、劣质饲料、不良品种、畜禽疫病、兽药残留、滥用激素等方面造成的危害，就必须在场址的选择、饲料的选用、品种的选育、疫病的防治、兽药使用的管理、生长激素的管理等方面做好工作。

（一）场址的选择

养殖场要合理规划，科学选址，远离一切污染。对养殖场的土壤、水质进行分析，其指标要符合养殖要求。对可能的污染源进行常规调查监测，发现受到污染要立即进行处理。通过选好场址这项措施可以防止或消除环境污染造成的危害或使其降低到可接受的水平。

（二）饲料的选用

选用新鲜的、无污染的、配方合理的优质饲料饲喂畜禽。畜禽产品的安全首先要饲料安全，要保证饲料安全就必须从有批准文号、有质量保证的厂家进货，并且要正确储存饲料，在保质期内使用饲料。对饲料供应商进行验证，通过实验室分析试验对饲料成分进行监测，确保饲料中各种养分均衡、饲料不受任何污染及饲料中不含生长激素，发现饲料不合格应重新选择。通过选好饲料这项措施可防止或消除劣质饲料造成的危害或使其降到可接受水平。

（三）品种的选育

抓好畜禽品种选育工作，选用的品种必须是优良品种的纯种或二三元杂交种。对影响肉质、生长发育迟缓、易感染疾病的品种要及时淘汰。通过做好品种选育这项措施可防止或消除不良品种造成的危害或使其降低到可接受水平。

（四）疫病的防治

提高疫病的诊疗水平，建立健全动物疫病疫情预警监测体系，加强基层防疫力量，做到及时发现，及时上报，及时控制。在我国，对人畜有严重危害的常见疫病有巴氏杆菌病、丹毒杆菌病、钩端螺旋体病等传染病及囊虫病、旋毛虫病等寄生虫病。

（五）兽药使用的管理

合理使用兽药，严格遵守使用对象、途径、剂量及停药期的规定。对兽药的使用进行登记，对用量进行监督，观察降解周期。对处于降解周期内的畜禽不应销售或屠宰。通过加强对兽药使用的管理这项措施可防止或消除兽药残留造成的危害或使其降低到可接受水平。

（六）生长激素的管理

提高畜禽养殖业从业人员的职业道德，严禁使用一切生长激素。对畜禽进行定期检测，发现有瘦肉精等生长激素呈现阳性的畜禽应进行无害化处理，并对有关人员追究责任。通过加强对激素的管理这项措施可以防止或消除滥用激素造成的危害或使其降低到可接受水平。

表4－1是对生猪养殖过程进行全面危害分析、确定关键控制点（CCP）工作单。

表4－1　生猪生产危害分析工作单

名称：××××养猪场　　　　产品描述：育肥猪

地址：　　　　销售方法：零售和批发

签名：　　　　预期用途和消费者：鲜肉销售，生产冷却肉，一般消费者

过程/步骤	确定在本步中引入、控制或增加的潜在危害	潜在的安全危害是否显著（是/否）	对第三列的判断提出依据（产生的原因）	应用何种预防措施来防止显著性危害	这步是关键控制点吗（是/否）
猪场选址	生物性危害：传染病	是	排泄物互相污染、导致传染病的危害	参照GB 17824.1、GB 17824.4的规定，选择远离居民区、地势高燥处；有粪尿污水处理设施，处理后符合GB 7959的规定，猪场设备符合GB/T 17824.3的规定。GMP和SSOP可控	否
	化学性危害　无 物理性危害　无	是	水中有毒有害物质超标	猪饮用水源必须符合GB 5749标准 GMP和SSOP可控	
种猪质量	生物性危害：传染病 化学性危害　无 物理性危害　无	是	引种不当，导致疾病传入	种猪来自非疫区，符合品种要求。无萎缩性鼻炎、密螺旋体痢疾、传染性水疱病、猪瘟、口蹄疫、蓝耳病、伪狂犬病、布氏杆菌病及畜牧兽医行政管理部门规定的其他疫病。GMP和SSOP可控	否
防疫	生物性危害：传染病 化学性危害　无 物理性危害　无	是	因防疫不当造成疫病流行	按照《动物防疫法》和GB 17823、GB 16568，落实兽医防疫工作；“全进全出”饲养模式；免疫接种；定期检疫猪群疫病；规范引种的隔离和疫情检测程序；病死猪按GB 16548处理；严格的消毒制度	是 CCP1
兽药使用	生物性危害　无 化学性危害：兽药残留 物理性危害　无	是	生猪体内兽药的残留	坚持预防为主、综合防治原则，通过免疫接种结合其他措施控制传染病，禁用未经兽医药政部门批准的产品；疫苗按规定使用	是 CCP1

（续表）

过程/步骤	确定在本步中引入、控制或增加的潜在危害	潜在的安全危害是否显著（是/否）	对第三列的判断提出依据（产生的原因）	应用何种预防措施来防止显著性危害	这步是关键控制点吗（是/否）
饲料及饲料添加剂使用	生物性危害　无 化学性危害：药物残留 物理性危害　无	是	生猪体内药物残留	饲料原料和产品源于疫病清净地区，符合 GB 13078 及农业部《饲料添加剂品种目录》；严格执行农业部《允许作饲料药物添加剂的兽药品种及使用规定》；禁用影响生殖的激素、具有雌激素样作用的物质、催眠镇静药、肾上腺能药及禁止作促生长剂的其他物质	是 CCP1
运送	生物性危害：应激 化学性危害　无 物理性危害　无	是	在转移到陌生环境中时，猪易受到各种环境因素影响产生应激，造成异常肉（PSE 和 DFD 肉）	要求运送猪时应轻赶，不准用木棍或铁棍赶打猪群，必要时可用棍棒打击车厢或地面，高声呼喊，使猪走动	否

第三节　确定关键控制点(原理Ⅱ)

HACCP 工作组应根据危害分析的结果来确定关键控制点（CCP）。对每一个显著性危害，必须有一个或多个关键控制点进行控制，多个关键控制点也可以用来控制一种危害。关键控制点不是一成不变的，它决定于养殖对象、养殖环境及其生产的特殊性等。

一、关键控制点（CCP）

关键控制点是养殖过程中危害能被控制的，能预防、消除或降低到可接受水平的一个点、步骤或过程。关键控制点应该是养殖过程中的一个特殊点，以使预防措施能有效地控制危害。

完全消除和预防显著危害也许是不可能的，因此，在加工过程中将危害尽可能地降低到最低水平是HACCP管理体系唯一可行且合理的目标。

一个关键控制点能用于控制一种以上的危害。例如，对饲料进行严格检测控制，既可以避免因饲料受有害微生物污染造成病原体生长繁殖，也可以控制药物残留造成化学污染。几个关键控制点也可以用来控制一种危害。

养殖过程不同所确定的关键控制点也不同，这是因为危害及其控制的最佳点可以随下列因素变化而变化：养殖场区、水质、养殖过程、养殖设备、卫生和支持程序等。

尽管HACCP模式和一般的HACCP计划对考虑关键控制点可能有用，但每个关模式和过程的HACCP要求必须分开考虑。

二、控制点（CP）

能控制生物、物理或化学因素的任何点、步骤或过程。

在养殖过程流程图中不能被确定为CCP的许多点可以认为是控制点。这些点可以记录质量因素的控制，例如，养殖密度、降温措施等，它们与动物的卫生安全性没有直接的关系，可以通过有效的控制达到要求，一般不列入HACCP计划中。

三、关键控制点（CCP）的确定

确定关键控制点（CCP）的方法很多，可以用“CCP判断树”来确定，也可以用危害发生的可能性及严重性来确定。

值得注意的是，CCP判断树只是判定CCP的一种工具，但不是确定CCP所必须的工具。CCP的确定必须结合专业知识，判断树的应用不能代替专业知识，否则会导致错误的结论。

图4－1是CCP判断树的结构形式。判断树中四个问题相互关联，构成判断树的逻辑方法。

判断树的逻辑关系表明，如有显著危害，必须在整个养殖过程中用适当的关键控制点（CCP）加以预防和控制；关键控制点（CCP）必须设置在最

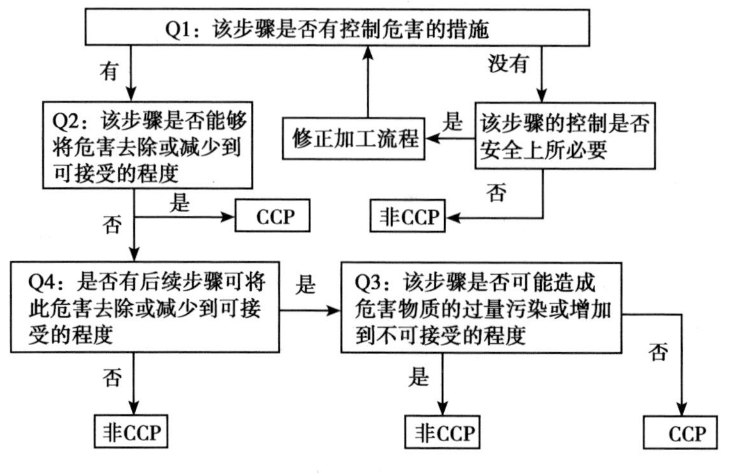

图 4－1　CCP 判断树

佳、最有效的控制点上；如果关键控制点（CCP）设在后续步骤或工序上，前面的步骤或工序则不作为关键控制点（CCP），如果后续步骤或工序没有关键控制点（CCP），那么前面的步骤或工序必须是关键控制点（CCP）。

第四节　建立关键限值（原理Ⅲ）

关键控制点确定后，应该为每一个有关关键控制点（CCP）的预防建立关键限值（CL）。

一、关键限值（CL）

关键限值是与一个关键控制点（CCP）相联系的每个预防措施所必须满足的标准。它是确保动物卫生安全性可接受与不可接受的界限。每个关键控制点（CCP）必须有一个或多个关键限值（CL）来控制显著危害。当加工偏离了关键限值（CL）时，则可能导致产品的不安全、不卫生，因此必须采取纠偏行动以保证动物的安全卫生。

建立关键限值应注意以下几点。

（1）对每个关键控制点必须设立关键限值。

（2）关键限值是一个数值，而不是一个数值范围。

（3）关键限值应做到合理、适宜、适用，具有可操作性。如果过严，会造成即使没有发生影响到动物安全危害，也要去采取纠正措施。

（4）关键限值应该符合相关的国家标准、法律法规要求。

（5）关键限值应具有科学依据。合理的关键限值可以从科技刊物、法规性指标、专家及实验研究等渠道获得，也可以通过实验和经验的结合来确定。

（6）合理的关键限值应该是直观、易于监测的。

二、操作限值（OL）

操作限值（OL）是由操作人员使用的比关键限值（CL）更严格的限值，是用于降低偏离关键限值风险的标准。

如果监控出现 CCP 失控，那么操作人员应该采取措施在 CL 发生偏离前使 CCP 得到控制，操作人员采取这样一种措施的点称为操作限值（OL）。操作限值不能与关键限值想混淆，操作限值应当确立在关键限值被违反以前所达到的水平。

在实际养殖过程中，当监控值超过操作限值时，需要进行调整。调整是为了使过程控制回到操作限值以内而采取的措施。加工调整不涉及产品，只是消除发生偏离操作限值的原因，使控制过程回到操作限值。操作人员可以使用加工调整避免加工失控和采取必要的纠正措施，及早地发现失控的趋势并采取行动防止产品返工，或造成产品的报废。

在表 4－1 的危害分析单中确定了生猪养殖过程中防疫、兽药使用、饲料及饲料添加剂使用 3 个 CCP。根据实际情况、文献、试验结果和多年的实践经验对每个 CCP 确定了关键限值和操作限值。防疫关键限值和操作限值是生猪不能有炭疽杆菌、口蹄疫、猪丹毒、囊虫病，有“三证”和耳标标识。兽药使用关键限值和操作限值是禁用氯霉素、氯丙嗪、呋喃唑酮、氨苯砜、洛硝达唑、甲硝唑、二甲硝咪唑、敌敌畏、克伦特罗、秋水仙碱、乙烯雌酚、制霉菌素等药物。表 4－2 是饲料及饲料添加剂使用关键限值和操作限值。

表 4－2　饲料及饲料添加剂使用关键限值和操作限值

项目	关键限值	操作限值
饲料	GB 13078《饲料卫生标准》	GB 13078
饲料添加剂	农业部公告第 2045 号《饲料添加剂品种目录（2013）》	禁用影响生殖的激素、具有雌激素样作用的物质、催眠镇静药、肾上腺素能药等

第五节　建立关键控制点的控制程序(原理Ⅳ)

一旦建立针对关键控制点的关键限值，则必须建立 CCP 的监控程序，以确保养殖过程始终符合关键限值。国家食品微生物标准顾问委员会（NACMCF）将监控描述为：为了评估 CCP 是否处于控制之中，对被控参数所做的有计划的连续的观察和测量活动。

一、监控目的

（1）跟踪养殖过程操作，查明和注意可能偏离关键限值的趋势，并及时采取措施进行加工调整。

（2）当在一个 CCP 发生偏离时，一边查明何时失控，一边及时采取纠偏行动。

（3）提供控制系统的书面文件，同时，监控记录为将来的验证提供必需的资料。

监控是操作人员赖以保持对一个 CCP 控制而进行的工作，精确的监控说明一个 CCP 什么时候失控，当一个关键限值受影响时，就要采取一个纠偏行动来确定需要纠正的范围。

监控还可以提供产品按 HACCP 计划进行生产的记录，这些记录对于在原理Ⅶ中讨论的 HACCP 计划的验证是很有用处的。

二、文件化监控程序的建立（监控计划）

每个监控程序必须包括 3W 和 1H，即监控什么（What）、怎样监控（How）、何时监控（When）、谁来监控（Who）。

（一）监控什么（监控对象）

通常通过观察和测量一个或几个参数、检测产品或检查证明性文件，以评估某个 CCP 是否在关键限值内操作。

（1）监控可以是检测产品或测量加工过程的特性，以确定是否符合关键限值。

（2）监控可以包括检查一个 CCP 的控制措施是否得到实施。

例如，检查饲料、兽药供应商的相关证明或检测报告。

（二）怎样监控（监控方法）

对于定量的关键限值，通常用物理或化学的检测方法；对于定性的关键限值，采取检查的方法。监控方法要求迅速和准确。

（1）监控方法必须提供快速或即时的结果。生产中没有时间等待长时间的分析实验测定结果，而且关键限值的偏离要快速判定，必须在产品销售前采取适当的纠偏行动。

基于时间的考虑，微生物的检测方法一般不作为监控手段。另外，最终判定病原体是否处在能够接受的水平，通常需要对很多样品进行检测。

物理和化学测量是很好的监控方法，因为它们可以很快地进行试验，如 pH 值、时间、温度，以及感观检测等。

（2）在实施 HACCP 计划过程中，监控设备的选择要根据监控对象和监控方法的不同而选择不同的监控设备。如自动温度记录仪、温度计、记时器、化学分析仪器等。

（三）监控频率

（1）监控可以是连续的或非连续的，如果可能应采用连续监控，连续监控对很多物理和化学参数是可行的。

（2）一个连续的记录监控值的监控仪器本身并不控制危害，连续监控要通过定期检查记录来实现。

（3）当不可能连续监控一个CCP时，应尽量缩短监控的时间间隔，以便及时发现可能的偏离。监控时间间隔将直接影响到偏离时处理的产品数量。

非连续性监控的频率应当部分地根据生产过程的经验知识确定。其方法和原则是：①加工过程中被监控数据是否稳定？如果数据欠稳定，监控的频率应相应增加；②正常的操作值距CL多远？如果二者很接近，监控的频率应相应增加；③如果CL值偏离，受影响的产品有多少？如果越多，监控频率越应密集。

（四）谁监控（监控人员）

实施一个HACCP计划时，明确监控责任是一个重要的考虑因素。

（1）被分配进行CCP监控的人员可以是：防疫人员、饲养人员、设备操作者、监督员、兽医、质量保证人员等。

由养殖过程中的人员和设备操作者进行监控是比较合适的，因为这些人能够方便地连续观察养殖对象和设备，能容易地从一般情况中发现发生的变化，而且，HACCP活动中包括的所有参与养殖的人员对于理解和通过HACCP计划建立了广泛的基础。

（2）负责监控的人员必须具备的以下方面的能力和资格。

a. 接受有关CCP监控技术的培训；

b. 完全理解CCP监控的重要性；

c. 能及时进行监控活动；

d. 准确报告每次监控工作，如实报告监控结果；

e. 随时报告违反关键限值的情况，以便及时采取纠偏活动。

监控人员的责任是及时报告异常事件和CL值偏离情况，以便对养殖过程进行调整或采取纠偏措施。所有CCP监控的记录和文件必须由实施监控的人员签名。

（3）所有CCP监控记录应该包括下列信息。

a. 表格名称；

b. 公司名称和地址；

c. 时间和日期；

d. 产品信息（产品型式、包装格式、流水线号和产品编号等）；

e. 实际观察和测量结果；

f. 关键限值；

g. 操作者的签名和检查日期；

h. 审核者的签名和日期。

另外，在监控程序中应规定审核负责人，审核人员对监控记录进行审核，并在审核记录上签名。

第六节　纠偏行动（原理Ⅴ）

当监控结果显示关键限值发生偏离时，即关键控制点处于失控状态，就必须采取纠偏行动。如果可能的话，必须在制定 HACCP 计划时预先制定纠偏行动计划，便于现场纠正偏离。也可以没有预先制定的纠偏行动计划，因为有时会有一些预料不到的情况发生。

一、纠偏行动的组成

（一）纠正和消除偏离的起因

纠偏行动的目的是使关键控制点重新受控。当发生偏离时首先分析偏离产生的原因，及时采取措施将发生偏离的参数重新控制到关键限值的范围之内；同时采取预防措施，防止这种偏离的再次发生。

纠偏行动既应考虑眼前必须解决的问题，又要提供长期的解决办法。眼前的方法主要是用于恢复控制，并使养殖在不再出现 CL 偏离的条件下重新开始，但仍须确定偏离的原因，防止其再次发生。如果 CL 屡有偏离或出现意外的偏离时，应调整加生产流程或重新评估 HACCP 计划，必要时修改 HACCP 计划，以彻底消除使养殖过程出现偏离的原因或使这些原因尽可能减到最小。

（二）确定在出现偏差时所生产的产品，并确定这些产品的处理方法

对在加工发生偏离时所生产的产品必须进行确认和隔离，并确定对这些

产品的处理方法。

二、实施纠偏行动的步骤

对偏离期间加工产品的处置或用于制定相应的纠偏措施可以按以下 4 个步骤进行。

(1) 确定产品是否存在安全方面的危害。根据专家的评估，根据物理的、化学的或微生物的测试。

(2) 根据第一步评估，如果产品不存在安全危害，可以解除隔离或扣留。

(3) 如果存在潜在的危害（以第一步评估为基础），确定产品是否能被转为安全使用。

(4) 如果潜在的、有危害的产品不能按第三步被处理，产品必须被销毁。通常这是最昂贵的选择，并且通常被认为是最后的处理方式。

归纳起来对受影响的产品的纠偏行动可以包括以下内容。

(1) 隔离和保存要进行安全评估的产品。

(2) 转移受影响的产品。

(3) 退回原料（拒收饲料）。

(4) 销毁产品。

三、纠偏行动记录

当关键限值发生偏离而采取纠偏行动时，必须有独立的记录文件。记录可以帮助企业确认发生的问题和 HACCP 修改的必要性，另外记录提供了产品的处理证明。纠偏记录一般采用纠偏行动报告的形式，其主要包含以下内容。

(1) 产品确认（如产品描述、隔离或扣留产品的数量等）。

(2) 偏离的描述。

(3) 采取的纠偏行动，包括受影响产品的最终处理。

(4) 采取纠偏行动的负责人的姓名。

(5) 必要时要有评估的结果。

第七节 建立验证程序(原理Ⅵ)

验证是除监控方法之外，用来确定 HACCP 体系是否按 HACCP 计划运作或计划是否需要修改及再确认、生效所使用的方法、程序或检测及审核手段。

验证是 HACCP 最复杂的原理之一。验证程序的正确制定和执行是 HACCP 计划成功实施的基础。验证的核心是“验证才足以置信”。HACCP 计划的宗旨是防止畜禽产品安全的危害，验证的目的是提高置信水平，一是证明 HACCP 计划是建立在严谨的、科学的原则基础之上，它足以控制产品和工艺过程中出现的危害；二是证明 HACCP 计划所规定的控制措施能够被有效地实施。

验证程序的要素包括：确认、CCP 验证活动、HACCP 体系的验证和执行机构。

一、确认

确认是指获取能表明 HACCP 计划诸要素行之有效的证据。

确认的宗旨是提供客观的依据，这些依据能表明 HACCP 计划的所有要素（危害分析、CCP 确定、CL 建立、监控计划、纠偏行动、记录保持等）都有科学的基础。

确认是验证的必要内容，必须有根据地证实，当有效地贯彻执行 HACCP 计划后，足以控制那些可能出现的，能影响食品安全的危害。

（一）确认方法

HACCP 计划的确认方法通常有以下几种。

（1）基于科学的原则。

（2）科学数据的运用。

（3）依靠专家意见。

（4）进行生产观察或检测。

（二）确认的执行者

（1）HACCP 小组成员。

（2）受过适当的培训或经验丰富的人员。

（三）确认的内容

对 HACCP 计划的各个组成部分的基本原理，由危害分析到 CCP 验证对策做科学及技术上的复查。

（四）确认的频率

（1）最初的确认。在 HACCP 计划执行之前进行。

（2）当有因素证明确认是必须时，下述情况可以导致采取确认行动。

a. 种源、外购品的改变；

b. 养殖过程流程的改变；

c. 验证数据出现相反结果时；

d. 重复出现的偏差；

e. 有关危害或控制手段的新信息；

f. 养殖过程中的观察；

g. 新的销售或消费者处理行为。

二、关键控制点（CCP）的验证

对 CCP 制定验证活动是必要的，它能确保所应用的控制程序调整在适当的范围内操作，正确地发挥作用以控制畜禽产品的安全。

CCP 的验证包括：校正、校正记录的复查、针对性的取样和检测、CCP 记录的复查。

（一）校正

CCP 的验证活动包括监控设备的校正，以确保采用的测量方法的准确度。进行校正是为了验证监控结果的准确性。

CCP 监控设备的校正是 HACCP 计划成功执行和运作的基础。如果设备没有校正，监控结果就将是不可靠的。如果此情况发生了，那么就可以认为从记录中最后一次可接受的校正开始，CCP 就失去了控制。

1. 确定校正频率

确定校正的频率应该考虑仪器设备的灵敏度和稳定性等因素。灵敏度要求高和稳定性较差的，应增加校正频率。如果在校正中发现监控设备超出了允许的误差范围，那么从上一次到本次校正之间的产品有可能是失控的，要进行重新评价。

2. 校正的执行

对监控仪器校正的要求是，用于验证及监控步骤的仪器设备，应以一种能确保测量准确度的频率进行，校正时，应按照仪器设备使用时的条件或接近此条件，参照标准仪器设备来检查所使用仪器的准确度。

对于连续监控的操作规程，必须保证自动化系统持续运转正常。操作者应按照其使用说明操作和保养，确保仪器设备按照设计要求运转。

在 HACCP 计划实施前，应该制定每一种监控设备的校正规程和允许误差。同时，校正记录是 HACCP 计划的一部分，记录上应记载校正时实际测得的数据。

（二）校正记录的审查

校正审查的主要内容包括：校正日期是否符合规定的频率要求、校正的方法和结果以及发现不合格监控设备后的处理方法。

（三）针对性的取样和检测

CCP 点的验证也包括针对性的取样、检测和其他周期性的活动。此种取样、检测既可在原料收购中进行，也可以在加工过程中进行。

当原料的接受是 CCP 时，往往会把供应商的证明作为监控的对象。为检查供应商是否言行一致，应通过针对性的取样检测来验证。

当关键限值限定在设备操作中时，可抽查产品以确保设备设定的参数适于生产安全的产品。

（四）CCP 记录的复查

在每一个 CCP 至少有两种记录，即：监控记录和纠偏记录。这些记录都是有用的管理工具，它们提供了有效的证据，用来证明 CCP 在安全的参数范围内运作以及当发生偏离时是否采取了纠正措施。这些记录必须经 HACCP 监管人员或具有丰富实践经验的人定期（FDA 规定在一周内）审核，以验证 HACCP 计划是否得到有效实施。

三、HACCP 管理体系的验证

除了对 CCP 的验证活动外，应预先制定程序和计划对整个 HACCP 体系进行验证。验证频率一般为每年一次或系统发生故障，或产品、过程等发生显著改变后。验证活动频率会随时间的推移而变。例如，历次检查发现过程在控制之内，能保证安全，则可减少验证频率，反之则要增加验证频率。

对 HACCP 体系的验证包括审核和对最终产品的微生物检测。

（一）审核

审核是获得审核证据并对其进行客观的评价，以确定满足审核准则的程度所进行的系统的独立的并形成文件的过程。审核的准则可以是 HACCP 体系文件、适用的标准和法律法规等。审核包括现场的观察和记录复查。审核通常是由一位无偏见的、不负责执行监控活动的人员来完成。

审核的频率应以能确保 HACCP 计划被持续地执行为原则。

审核又分为内审和外审。通过审核以确定 HACCP 计划的适应性、可操作性和有效性。

1. 审核的内容

（1）检查产品说明和生产流程图的符合性。

（2）检查 CCP 是否按 HACCP 计划的要求被监控。

（3）检查过程流程是否在既定的关键限值内操作。

（4）检查记录是否准确地和按要求的时间间隔来完成。

2. 记录复查的内容

（1）监控活动在 HACCP 计划中规定的位置执行。

（2）监控活动按 HACCP 计划中规定的频率执行。

（3）当监控表明发生了与关键限值的偏差时，执行了纠偏行动。

（4）监控设备按 HACCP 计划中规定的频率进行了校正。

（二）最终产品的微生物检测

日常监控不采用微生物检测方法，但它是验证 HACCP 体系的有效工具。对最终产品进行微生物（化学）检测，以此证明 HACCP 体系的有效性。

四、执法机构和第三方认证机构

HACCP 体系认证工作正在快速发展，越来越多的生产企业意识到产品安全的重要性，并实施了 HACCP 体系。另一方面，许多国家以立法的形式在食品企业中强制推行 HACCP，因此，政府的执法机构必然会介入到 HACCP 验证工作中来。

在 HACCP 管理中，执法机构的主要作用是验证 HACCP 计划是否有效及是否被贯彻实施。

执法机构的验证程序包括：

（1）对 HACCP 计划和任何修改的复查。

（2）CCP 监控记录的复查。

（3）纠偏记录的复查。

（4）验证记录的复查。

（5）现场检查 HACCP 计划是否贯彻执行，以及记录是否按规定被保存。

（6）随机抽样分析。

第八节　建立记录保持程序(原理Ⅶ)

建立有效的记录保持程序，以文件证明 HACCP 体系。准确的记录保持是一个成功的 HACCP 计划的重要部分，它是 HACCP 计划审核的依据。

一、记录保持的内容

在 HACCP 体系中至少应保存以下四方面的记录：HACCP 计划以及支持性文件、关键控制点（CCP）监控记录、采取纠正措施的记录和验证记录。

（一）HACCP 计划以及支持性文件

HACCP 计划必须包括以下内容。

（1）列出危害分析所确定的、可能发生的，且必须对其控制的各种安全危害。

（2）对已确定的安全危害列出关键控制点。

（3）每个关键控制点必须满足的关键限值指标。

（4）每个关键控制点的监控频率。

（5）预采取的纠正措施计划。

（6）监控关键控制点的记录保持体系。

HACCP 支持性文件包括：

（1）制定 HACCP 计划的信息和资料。例如，书面危害分析工作单，用于进行危害分析和建立关键限值的任何信息的记录。

（2）各种有关数据。例如，建立饲料安全保质期所使用的数据；制定抑制病原体生长方法时所使用的足够数据；确定疫病防治时所使用的数据等。

（3）有关顾问和其他专家进行咨询的信件。

（4）HACCP 小组名单和小组职责。

（5）制定 HACCP 计划必须具备的程序及采取的预期步骤概要。

（二）关键控制点（CCP）监控记录

HACCP 监控记录是用于证明对所有关键控制点实施了控制而保存的。监控记录应该是记录实际发生的实施，记录应具有完整性和原始性，由管理员代表定期（至少一周一次）进行复查，并签字和注明日期，以确保关键控制点按 HACCP 计划而被控制。

通过追踪记录在监控记录上的值，操作者和管理人员可以确定一个加工是否正接近它的关键限值。通过记录复查可以确定倾向，对加工进行必要的调整。如果在违反关键限值之前进行调整，加工者可以减少或者消除由于采取纠偏行动而消耗相关的人力和物力。

所有的 HACCP 监控记录应该是包含下列信息的表格。

表头、公司名称、时间和日期、产品确认（包括名称、品种、主要计划用途、消费对象等）、实际观察或测量情况、关键限值、操作者的签名、复查者的签名、复查日期。

(三) 纠正行动的记录

纠正行动的记录除了一般的要求之外，应说明整个纠偏措施的实施包括产品的评估和处理、描述偏离等详细的内容和记录参见本章第六节（原理Ⅴ）。

(四) 验证记录

验证记录应包括：

(1) HACCP 计划的修改（如原料的改变，配方、加工、包装和销售的改变）。

(2) 供货商的保证书以及原料产品的验证记录。

(3) 检测设备的校验记录。

(4) 产品的检验、试验记录。包括微生物质疑、检测的结果、样品微生物检测结果、定期生产线上的产品和成品生物的、化学的和物理的检测结果。

(5) 室内、现场的检查结果。

(6) 设备评估试验的结果，如热加工中的温度检测结果。

(五) 附加记录

除了以上四项记录，还应配有一些附加记录：

(1) 员工培训记录。在 HACCP 体系中应有培训计划，实施了培训计划，就应有培训记录。

(2) 化验记录。成品试验分析的细菌总数、沙门氏菌和霉菌总数等化验结果及其他需要分析的检测结果。

(3) 设备的校准和确认书。记录所使用设备的校准情况，确认设备是否正常运转，以便使监控结果有效。

二、记录的要求

各项记录除了满足各自的具体要求外，还必须满足下列要求：

(1) 严肃性。各项记录是判断 HACCP 是否有效执行的依据或 CCP 是否受控的证据，必须保持记录的严肃性。

(2) 真实性。各项记录必须在现场记录，不允许提前记录或后补记录，更不允许伪造记录。

(3) 原始性。各项记录必须保持其原始性，不允许任意涂改、删除或篡改。

(4) 完整性。各项记录必须完整，不允许有缺页、缺项、缺内容。

三、记录的审核与保存

根据法规要求，应对监控记录、纠偏行动记录和验证记录进行定期评审。审核时主要审核是否按照规定的方法和频率进行检测，是否符合 CL、是否在必要时采取了纠正行动。审核人员必须在记录上签字并注明日期。

对已批准实施的 HACCP 管理文件及运行中形成的各项记录应妥善保管存档，应明确收集和保存记录的各级责任人员。所有文件和记录应定期装订成册，以便官方验证或第三方机构认证审核时使用。

第九节　HACCP 计划的建立

为确保畜禽养殖过程中的安全卫生，HACCP 计划必须建立在牢固的基础计划上，养殖过程中的各个环节必须具备符合国家有关养殖安全卫生要求的必要的、基本的环境和操作条件，作 HACCP 计划的前提，加工企业可按照国家有关养殖安全卫生的要求及良好农业操作规范，制定适合本企业的基础计划，这种计划的有效性应在 HACCP 计划制定和实施过程中予以评价。所有的基础计划应文件化，并定期对其进行审核。基础计划同 HACCP 计划分开制定和实施，且基础计划的某些内容可列入 HACCP 计划内，如厂区环境要求、饲养设备的维修保养计划等。

一、HACCP 基础计划

(一) 良好农业操作规范（GAP）

建立 HACCP 计划前必须建立和实施良好农业操作规范，应包括（但不限于）以下几个方面。

（1）畜禽饲养选址适当，以避免对环境和畜禽健康的不利影响。

（2）避免对牧草、饲料、水和大气的生物、化学和物理污染。

（3）检测畜禽的状况并相应地调整放养率、饲养方式和供水。

（4）防止兽药和饲料添加剂的残留进入食物链。

（5）尽量减少抗生素的非治疗使用。

（6）通过养分的有效循环避免废物残留、养分流失和温室气体释放等问题。

（7）遵守为畜禽设置的装置、设备和机械安全操作规程。

（8）保证畜禽购买、育种、损失以及销售记录、实施饲养计划、饲料采购和销售记录。

（二）卫生标准操作规范

主要应防止交叉污染；有毒有害化学物质（消毒剂、清洗剂等）的存放、标识和使用；药物、疫苗的使用与保管；人员的健康与卫生；饲料、生产用水的控制；虫鼠害的预防等方面的规程等。

二、制定HACCP计划的预备步骤

应用HACCP原理制定HACCP计划，首先需要完成5个预备步骤：组成HACCP小组；描述产品与销售方式；描述预期用途和消费者；制定描述生产过程流程图；验证流程图。

（一）组成HACCP小组

这是养殖企业建立HACCP计划的重要步骤，HACCP小组的任务是保证HACCP计划的每个环节能够顺利执行。其职责有制定HACCP计划；制定良好农业操作规范GAP、卫生标准操作程序SSOP；验证和实施HACCP体系以及对人员的培训等。小组的人员应包括企业各个部门的代表，他们要经过严格培训，熟悉公司情况，对工作认真负责，有着对产品、工艺及分析HACCP有关危害的知识和经验，能确认潜在的不安全因素及其危害程度，提出控制方法、监控程序和纠正措施。因此，养殖企业的小组人员应包括畜牧兽医人员、饲料营养人员、质量管理和质量控制人员、饲养人员、采购人员、销售人员，也可邀请了解潜在危害、熟悉公共卫生健康兽医方面的外来专家。

(二) 产品描述、识别预期用途和消费者

说明产品的特性、规格及销售办法，主要包括产品名称、品种、主要计划用途（产品用途及主要消费对象等）、运输要求等。同时，深入了解与养殖品种有关的产品特性，如生物学特点、习性等，并加以描述。

如生猪的产品描述可以为：名称——出栏育肥猪；品种——大三元；主要计划用途——屠宰厂屠宰；消费对象——屠宰企业；运输要求——汽车运输。

(三) 制定描述生产过程流程图

为便于危害分析，应在仔细核查生产全过程的基础上，由 HACCP 小组人员绘制流程图。流程图应覆盖养殖的所有步骤和环节，常用文字框图表示。流程图中每个步骤的描述要简明扼要，按顺序标明，防止含糊不清。还可把所有的过程参数（如时间、温度等）引入流程图中，进行工艺说明。养殖过程是一个系统工程，涉及包括厂址、饲料及饲料添加剂、饮水、药品、疫苗的使用及管理、环境控制等诸多方面，HACCP 计划必须针对动物养殖特定的生产工艺流程、按照人员、设备情况和整个生产系统制定的。图 4－2 为生猪养殖过程流程图。

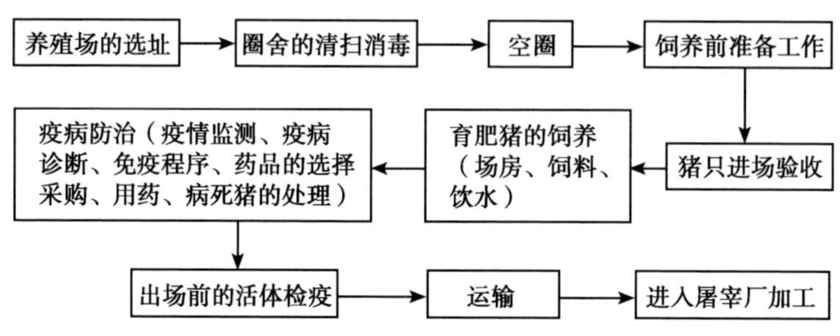

图 4－2　生猪养殖过程流程图

HACCP 小组必须描述绘制场区的示意图，以确定产品流程和人员通行造成交叉污染所带来的相关的潜在危害。企业可根据自己的实际情况，绘制养殖舍和场区的示意图，并要注明人员通道和物流方向。

（四）验证流程图

流程图中列出的步骤必须在实际养殖生产现场被验证，不仅要将生产流程图与实际操作过程进行比较，还要选择在不同操作时间核对生产工艺流程，以确保该流程有效。所有 HACCP 小组人员都要参与流程图的验证工作。若生产现场与流程图存在差异，则应对流程图进行调整，以确保流程图与实际流程的正确性和完整性。

完成上述预备步骤后，方可应用 HACCP 7 个基本原理，建立 HACCP 计划。

三、制定 HACCP 计划

表 4-3 为生猪颗粒饲料生产 HACCP 计划表。HACCP 计划表的内容主要包括：

（1）列出在“危害分析与关键控制点工作表”中确定的每一个饲料产品的关键控制点及其危害。

（2）列出每一个关键控制点必须达到的关键限值（CL）。

（3）列出关键控制点的监控程序，以确保关键控制点在它们的关键限值以内。一个好的监控程序应包括：监控什么？怎样监控？监控频率？谁来监控？

表 4-3　生猪颗粒饲料生产 HACCP 计划表

CCP	显著危害	关键限值	监控				纠偏措施	记录	验证
			对象	手段	频率	人员			
防疫 CCP_1	病原体	无口蹄疫、猪丹毒、囊虫、炭疽杆菌；有“三证”，免疫耳标	生猪	生猪检疫 微生物检验检查	每头	检验员 化验员 防疫员	无公害化处理销毁病猪 检疫消毒 隔离、封锁现场划分疫区	销毁记录 关键控制点监控记录 纠偏记录 化学分析记录 验证记录	针对性的取样检验 纠偏记录 分析记录
兽药使用 CCP_2	兽药残留	不得检出氯霉素、氯丙嗪、呋喃唑酮、氨苯砜、洛硝达唑、甲硝唑、二甲硝咪唑、敌敌畏、克伦特罗、秋水仙碱、乙烯雌酚、制霉菌素	生猪	兽药残留监测	每批	检验员 化验员 兽医师	严格执行农业部 168 号公告	用药记录 关键控制点监控记录 纠偏记录验证 CCP 记录评估	针对性的取样检验 纠偏记录验证 CCP 记录评估

（续表）

CCP	显著危害	关键限值	监控				纠偏措施	记录	验证
			对象	手段	频率	人员			
饲料及饲料添加剂使用 CCP_3	药物残留	禁用影响生殖的激素、具有雌激素样作用的物质、催眠镇静药、肾上腺素能药及禁止作动物促生长剂的其他物质	饲料	饲料检测	每批	品管员	严格执行 GB 13078 和农业部 2003 年第 318 号规定	饲料检测记录 添加剂使用记录 金属	主管检查每批记录品管员针对性的取样检验

（4）列出在关键控制点偏离其限值时所应该执行的纠偏措施。纠偏程序包括纠正偏离起因、隔离偏离产品、重新评估产品、处理措施等。

（5）列出验证程序。执行该程序时，确认 CCP 点按 HACCP 计划规定的监控程序在被监控，CCP 点在 CL 内运行，当超过 CL 时采取了纠偏行动，按纠偏行动程序进行纠偏，记录按规定真实记录。

（6）提供一个记录保持系统，记录应包括监控过程中得到真实的数据和观察材料，有监控记录、纠偏记录、仪器校正等。

第五章　生猪健康养殖控制点与符合性规范及释义

养猪业是保障食品安全的基础产业，具有“猪粮安天下”的战略意义。我国既是养猪大国，也是猪肉消费大国，生猪饲养量和猪肉消费量占世界总量的一半左右。猪肉食品安全不仅关系到消费者的身体健康和生命安全，而且还直接或间接影响到食品、农产品行业的健康发展。抓好生猪健康养殖生产，提供优质安全猪肉产品，对稳定市场供应、满足消费需求、增加农民收入、促进经济发展具有重要意义。

生猪健康养殖控制点采用危害分析与关键控制点（HACCP）方法识别、评价和控制猪肉食品安全危害。在生猪养殖过程中，针对生产方式和特点，对养殖场选址、品种、饲料和饮水的供应、场内的设施设备、畜禽的健康、药物的合理使用、养殖方式、公路运输、废弃物的无害化处理、养殖生产过程中的记录、追溯以及对员工的培训等提出了要求。

同时提出了动物福利的要求。应遵循表 5－1 的原则。

表 5－1　控制等级说明

等　级	级别内容
1	基于危害分析与关键控制点（HACCP）和与食品安全直接相关的动物福利的所有食品安全要求
2	基于 1 级控制点要求的环境保护、员工福利、动物福利的基本要求
3	基于 1 级和 2 级控制点要求的环境保护、员工福利、动物福利的持续改善措施要求

一、引用标准说明

GB 5749—2006　生活饮用水卫生标准
GB 16548—2006　病害动物和病害动物产品生物案例处理规程
GB/T 18407.3　农产品安全质量无公害畜禽肉产地环境要求
GB/T 18635　动物防疫基本术语
GB/T 16569　畜禽产品消毒规范
GB/T 17823　中、小型集约化养猪场兽医防疫工作规程
GB/T 17824　中、小型集约化养殖基地建设
NY/T 388　畜禽场环境质量标准
NY 5027　无公害食品畜禽饮用水水质
NY 5032　无公害食品畜禽饲料和饲料添加剂使用准则
NY 5030　无公害食品生猪饲养兽药使用准则
NY/T 5339　无公害食品畜禽饲养兽医防疫准则
GB/T 20014　良好农业规范
动物防疫法

二、术语和定义

（一）限位栏（restrictive pens）

母猪产后不能转身，只能起卧，自由采食，仔猪可通过栏架，以减少被挤压危险。

（二）育肥猪（finisher pigs）

月龄较小或未达到市场要求，需经过肥育才能屠宰的生猪。

（三）氟烷基因（halothane gene）

猪第 6 号染色体上影响肉质的主效基因（major gene），也叫 Ca^{2+} 释放通道基因（CRC）或兰尼定受体 1 基因（RYR1），具有提高瘦肉产量的遗传优势，但会增加 PSE（苍白、松软、渗水）的肉和猪突然死亡。

（四）休药期（withdrawal period）

食品动物从停止给药到许可屠宰或其产品（肉、乳、蛋）许可上市的

间隔时间。

（五）最高残留限量（Maximum Residue Limits，MRLs）

对食品动物用药后产生的允许存在于食品表面或内部的该兽药（或代谢产物）最高含量或最高浓度（以鲜重计，表示为 μg/kg）。

第一节　猪场的建设

一、猪场的选址和规划

序号	名称	控制点	符合性要求	等级
1	猪场的选址	猪场应建在地势平坦、干燥、交通方便、背风向阳、排水良好的地方。场地水质良好、水源充足。无有害气体、烟雾、灰尘及其他污染。养殖场周围 3 000m 无大型化工厂、矿厂或其他畜牧污染源，距离学校、公共场所、居民居住区不少于 1 000m，距离交通干线不少于 500m	感官评估。生猪养殖场应便于饲草和饲料的运输、便于采取防疫措施。水质符合 GB 5749。全部适用	1 级
2	猪场的规划和布局	猪场建筑整体布局合理，应便于防火和防疫。猪场内分设生活管理区、生产区及粪污处理区，生产区和生活管理区相对隔离，生产区应在生活区的常年主导风向的下风向，粪便污水处理设施和尸体焚烧炉应设在养殖场的生产区、生活管理区的常年主导风向的下风向或侧风向处，粪污处理区的生产生活用水和降雨地面水不得流至或渗透至生产区，人流物流采取单一流向，各功能区界限分明，隔离科学，联系方便	感官评估。全部适用： a. 养殖场地面积：场区占地总面积应达到每存栏 1 头商品育肥猪不少于 $2.5m^2$，猪舍建筑面积应达到每头商品育肥猪 $1.0m^2$，其他辅助建筑总面积应达到每存栏 1 头猪 $0.15m^2$ b. 道路设置：猪场与外界应有专用道路，场内道路分净道与污道，两者严格分开，不得交叉混用 c. 区间隔离：猪场周围应设有围墙或防疫沟，并有绿化隔离带，生产区和管理区之间的间距不少于 50m，卫生防疫隔离区与其他两区的距离不得低于 200m。还应设有防蚊蝇、飞禽及啮齿动物的设施 d. 场区绿化：场区绿化应结合场区与猪舍之间的隔离、遮阴及防风的需要进行。可根据当地实际种植能美化环境、净化空气的树种和花草，不宜种有毒、有刺、有异味、有飞絮的植物。场区绿化率不低于 30%	1 级

二、圈舍要求

序号	名称	控制点	符合性要求	等级
1	板条结构和地板设计	板条结构的地板设计应能承载相应大小的猪	无普遍的猪蹄损伤，板条的尺寸应符合如下要求： a. 板条间的缝隙的最大宽度： ——哺乳仔猪 11mm ——断奶仔猪 14mm ——育肥猪 18mm ——母猪 20mm b. 板条最小宽度： ——哺乳仔猪和断奶仔猪 10mm ——育肥猪、母猪 80mm 若无板间结构，则不适用	2 级
2	圈舍饲养空间大小	对仔猪、育成猪和育肥猪所需圈舍最小饲养空间应符合以下要求，单位（m^2/头）； <10kg，0.15m^2/头； 10～20kg，0.20m^2/头； 20～30kg，0.30m^2/头； 30～50kg，0.40m^2/头； 50～85kg，0.55m^2/头； 85～110kg，0.65m^2/头； >110kg，1.0m^2/头； 配种后的后备母猪和妊娠母猪的躺卧区应是无缝坚固的地板，面积至少分别为 0.95m^2/头和 1.3m^2/头，其中不超过15%的面积用作排污区	抽样测量各生长阶段猪的圈舍可容纳的猪只数量。按最大体重的猪计算。通过会谈＼目测＼检查记录两验证。计算出每部分最大牲畜容纳量，应低于产品消费国要求的限量。全部适用	1 级
3	公猪圈舍	公猪圈栏的结构和位置应便于猪只进行交流。应提供有清洁干燥的休息区	公猪圈不能都是实心的墙和门。公猪可与其他猪鼻对鼻交流，并有干燥的躺卧区域。不饲养公猪不适用	3 级
		圈养成年公猪的最小区域应为 6m^2，提供额外的空间用于交配，且圈舍的形状不会过分限制公猪的自由活动	感官评估。不饲养公猪不适用	1 级
4	母猪设施	母猪的设施具备以下条件，产前 7d 到产后 4 周（断奶时），应允许其自由活动，可以使用限位栏，但不能拴系； ——确保母猪不被单独隔离	除分娩到产后 4 周外，无隔栏、拴绳或其他限制性畜栏。使用限位栏，确认其使用时间 除在限位栏中，单圈饲养的母猪可以和其他猪进行接触	2 级
		限位栏中不应拴系母猪	感官评估。若不使用限位栏不适用	1 级
		母猪产仔前在限位栏中不应超过 7d；产仔后在限位栏中不应超过 42d	感官评估。应有相关记录。不使用限位栏的不适用	2 级

（续表）

序号	名称	控制点	符合性要求	等级
4	母猪设施	产床应足够长，使母猪可以舒适躺卧。长度应可以调整，以防止母猪过多的自由活动。产床顶部的横梁和床底部应有足够的距离，以确保母猪正常活动	感官评估。无母猪和限位栏摩擦而造成臀部和背部受伤的迹象。不使用限位栏的不适用	1 级
		群饲后备母猪和/或妊娠母猪时，其饲养空间应保持在 1.64m²/头和 2.25m²/头。当猪群内猪的数量少于 6 头，则整体饲养空间可以增加但不超过总面积的 10%；当猪群内猪的数量多于 40 头，则整体饲养空间可减少，但减少量不能超过总面积的 10%	感官评估。不群饲的母猪不适用	1 级

三、机械设备要求

序号	名称	控制点	符合性要求	等级
1	通风系统	应每日检查自动化设备如自动喂料系统和通风系统使之正常工作	不必在每天检查后做书面记录，但在检查时发现不能正常工作的设备，且该设备不是以前标识的，则不符合。无自动化设备则不适用	2 级
		猪舍内，自然通风如果不能保持并满足动物福利要求，应能提供强制的或自动通风系统	用来控制猪舍内环境温度的地方应安装报警器。每个猪舍内若环境温度超过设定值或发生断电，报警系统应能启动。自动保护装置不必是自动化的，可以依靠人工开门等。猪场可以向兽医寻求指导或帮助来了解何处应配备报警器。所有猪舍都是自然通风，则不适用	2 级
2	报警系统	应每周检查一次报警系统	可检查报警系统书面记录。在检查时通过和员工会谈，对运转状况进行验证。有设备故障则不符合。若无报警系统，则不适用	2 级
3	照明设备	在任何时候都应提供足够的照明设备（固定的或可便携的）以便检查	照明设备的光线符合建筑物内标准的要求，或者使用自然光源而未配备电照明设备的建筑物内，都配备了手电筒以方便在夜间检查。全部适用	2 级

第二节 生猪的健康养殖

一、猪舍的通风和温度

序号	名称	控制点	符合性要求	等级
1	通风	应设计通风系统并通过系统维护和运作以防止空气中的污染物超过 GB/T 18407.3 的要求，且一氧化碳浓度不超过 30mg/kg	感官评估。判定标准是吸入的空气不应使人明显感觉不舒服	3 级
2	温度	针对户内饲养生猪的年龄、重量和密度，保持适宜的室内温度和空气流通	适宜温度范围如下： ——母猪：15～20℃； ——哺乳仔猪：25～30℃； ——新断奶的仔猪：27～32℃； ——出生超过6周的仔猪：21～24℃； ——育肥猪：15～21℃。 控制环境的温度应符合要求。出现热/冷应激征兆为不符合。全部适用	2 级
		体重大于 30kg 的生长肥育圈舍应配备喷淋系统，使在炎热的气候条件下保持凉爽。此系统应能避免热应激和避免在躺卧区形成污垢	感官评估。地面不铺草，用来圈养肥育猪和存栏猪的圈舍，应配备喷淋系统，并能喷淋到每个圈舍	3 级

二、饮水要求

序号	名称	控制点	符合性要求	等级
1	水质要求	每天应向猪供应充足、清洁的饮用水	感官评估。全部适用	1 级
		应有水质检测的证据	每年至少按 GB 5749 生活饮用水卫生标准进行一次水质监测。全部适用	2 级

（续表）

序号	名称	控制点	符合性要求	等级
2	饮水量	总耗水量包括猪饮用水量、猪舍清洗用水量和饲料调制用水量，炎热地区和干燥地区耗水量参数可增加25%	猪类型 总耗水量 饮水量 空怀及妊娠母猪 15.0 10.0 哺乳母猪（带仔猪） 30.0 15.0 培育仔猪 5.0 2.0 育成猪 8.0 4.0 育肥猪 10.0 6.0 后备猪 15.0 6.0 种公猪 25.0 10.0 单位：L／（头·d）	2级
3	供水要求	饲养方式和供水要求的关系，应按以下要求进行。 水嘴/小钵　钵 自由　1个/15头　1个/30头 限制饲养　1个/10头　1个/20头	感官评估。全部适用	2级

三、饲料要求

序号	名称	控制点	符合性要求	等级
1	外观及要求	具有饲料应有的色泽、嗅味及组织形态特征，质地均匀，无发霉、变质、结块、虫蛀及异味、异嗅、异物	感官评估	1级
		不应使用餐饮业的废弃物喂猪	来自于餐馆、餐饮设施和厨房（包括公用厨房和家庭厨房）的废弃物食品不允许作为饲料。全部适用	2级
2	饲料添加剂	饲料添加剂产品的使用应遵照产品标签所规定的用法、用量使用	感官评估	1级
		营养性饲料添加剂和一般饲料添加剂产品应是《饲料添加剂品种目录》所规定的品种，或取得国务院农业行政主管部门颁发的有效期内饲料添加剂进口登记证的产品，亦或是国务院批准的新饲料添加剂	感官评估	1级

（续表）

序号	名称	控制点	符合性要求	等级
3	药物饲料添加剂	药物饲料添加剂的使用应遵守《饲料药物添加剂使用规范》，并应注明使用的添加剂名称和用量。使用药物饲料添加剂应严格执行休药期的规定		1 级
		根据药物在猪体内的代谢规律，确定抗药物饲料添加剂的添加范围	饲料中的添加量和肌肉中残留量的数学模型，其中，x 为饲料添加量，y 为肌肉中的残留量。 土霉素：$y = 8E - 0.5x^2 + 0.0019x$ 金霉素：$y = -4E - 0.5x^2 + 0.0162x$ 磺胺二甲嘧啶：$y = 2E - 0.5x^2 + 0.0002x$ 喹乙醇：$y = -5E - 0.5x^2 + 0.0604x$	1 级
		依据国家兽药最低残留限量，严格使用药物饲料添加剂	适宜的添加范围： 土霉素≤25.42mg/kg； 金霉素≤6.27mg/kg； 磺胺二甲嘧啶≤65.89mg/kg； 喹乙醇≤0.07mg/kg	1 级
4	饲料营养	根据各类品种猪所处不同的生长阶段，对营养的需求，制定科学合理的饲养标准，因地制宜选用饲料原料，进行科学配合	商品仔猪的饲料营养： ——乳猪阶段，饲喂乳猪料；仔猪断乳后，饲料逐步过渡，饲喂仔猪料 育肥肉猪的饲料营养： ——体重 60kg 以前，每千克饲粮要求含消化能 12.50 ~ 12.97MJ，不得低于 12.50MJ，含粗蛋白质 16% ~17% ——体重 60kg 以后，每千克饲粮要求含消化能 11.93 ~ 12.50MJ，不得低于 11.50MJ，含粗蛋白质 13% ~14%。并保持矿物质、维生素的供给水平，严格控制粗纤维的含量，不得超过 12%，以 6% ~8% 为宜	1 级

四、仔猪的饲养

序号	名称	控制点	符合性要求	等级
1	哺乳仔猪管理	仔猪出生后，做好产后护理工作，及时补充所需营养	a. 仔猪出生后，尽快擦净全身黏液，断脐、保温、教吃初乳，固定乳头，弱仔在前，强仔在后，多仔寄养，少仔并窝；做好防压、防踩、防冻、防下痢 b. 补铁和硒：仔猪出生后3d内补铁，7d再补一次；出生3～5d补硒，于断乳前再补一次 c. 饮水：仔猪出生3d后供给充足清洁饮水 d. 饲喂：仔猪生后7～8d，用乳猪料诱食，15d正式开食补饲，饲喂乳猪料，少吃多餐，白天4～5次，夜间加料一次	1级
2	断奶仔猪管理	除非兽医要求或因特别的福利原因，仔猪可以在21～28d龄期间断奶	有相关记录，员工须知断奶日龄及相关的要求。全部适用	1级
		仔猪断奶时，采取赶母留仔	仔猪留在原圈饲养一周后，转入保育栏；15d内仍饲喂乳猪料，从乳猪料到仔猪料要采取逐步添加的办法进行过渡 仔猪断乳5～7d内，保持断乳前供给的饲料量，白天饲喂4～5次，夜间加料一次，每次喂8～9成饱；断乳后2～3周可适当减少饲喂次数，但断乳后3周龄前，饲喂不得低于4次	1级
3	阉割	出生7d内不应麻醉阉割，超过7d应由兽医麻醉后阉割	感官评估。全部适用	1级
		麻醉后阉割	观察牲畜和用药记录 避开仔猪断乳前后一周的时间，合理安排仔猪的去势及预防。小公猪在20d、小母猪在30～40d去势，并相继进行生猪主要常见疫病的免疫接种预防注射	3级

（续表）

序号	名称	控制点	符合性要求	等级
4	断牙和钝化牙齿	对新生仔猪断牙和钝化牙齿，只有符合法规的要求和在猪场兽医的建议下才可接受。对此要求每季度进行一次评估，需要时，应由经过培训具备相应能力的饲养员在仔猪出生 48h 内完成，不得超过出生后 7d	如果断牙和钝化，应有兽医或养猪场顾问的书面建议每季度应对其进行评估，间隔不得超过 3 个月。被授权的员工应能证实其具备正确操作此项工作的能力，能正确描述操作程序，包括时间要求不断牙则不适用	1 级
		仅使用钝化的方法缩短仔猪牙齿	如果不断牙只钝化，应有兽医或养猪场顾问的书面建议。应每季度对其进行评估，间隔不得超过 3 个月。被授权的员工应能证实具备正确操作此项工作的能力，能正确描述操作程序，包括时间要求。不断牙则不适用	3 级
5	断尾	当兽医认为需要断尾时，应由经过兽医的培训具备相应能力的饲养员在仔猪出生 48h 内完成，最迟不超过 7d。当出售刚断奶的仔猪时，需要断尾时，应有买方主管兽医的建议	如果断尾，有兽医或养猪场顾问的书面建议。每季度对其进行评估，间隔不得超过 3 个月。被授权的员工应能显示具备正确操作此项工作的能力，能正确掌握操作程序，包括时间要求如果出售断奶仔猪，须提供目的畜群兽医的要求。不断尾的不适用	1 级
6	耳号	打耳号应在主管兽医同意下执行	有兽医书面授权证明。不适合不打耳号的情况	1 级

五、种猪的饲养

序号	名称	控制点	符合性要求	等级
1	种公猪	所引品种必须来自国家有关部门认定的无规定疫病区，具备种猪生产经营许可证的一级以上种猪场（包括一级），并符合 GB 16549 标准要求	主要性状的遗传性稳定且血缘清楚； 种猪的运输严格按 GB 16567 的规定执行，引进的种猪需隔离饲养观察 30～45d，检疫合格后方可混入种猪生产群	2 级

（续表）

序号	名称	控制点	符合性要求	等级
1	种公猪	从仔猪中进行后备种猪选留。通过终选留的种公猪在 8 ~ 10 月龄，体重 80 ~ 90kg 左右开始配种，8 ~ 12 月龄公猪每周最多只能配 3 次；成年公猪（12 月龄以上）每天 1 次，最多不超过 2 次，连续 4 ~ 5d 休息 1d。利用年限为 3 ~ 4 年，不超过 5 年	仔猪保育结束进行第一次初选，4 月龄通过体尺测定后进行二选，6 月龄中选；种猪选留应符合 GB 8466 和 GB 8467 的有关要求	2 级
		种公猪必须单栏饲养，经常用硬刷子刷试猪体，每次不低于 3min，每天驱赶运动 20min，自由运动 1h；在高温炎热的夏天，还应做好防暑降温工作。调教务必做到人猪亲合，吃、睡、便三定位	感官评估，全部适用	3 级
2	种母猪	从仔猪中进行种母猪选留	保育结束初选留存的仔母猪，按不同品种和体重大小分群饲管，饲喂要严格分阶段进行，确保母猪七成膘情的配种体况。调教猪只，做到吃、睡、便三定位，为母猪创造一个良好的生活环境。认真细致观察母猪发情表现，掌握发情规律，为配种做准备	2 级
		对妊娠母猪要防滑倒、防惊吓、防越沟跳墙，严禁鞭打拥挤，以防流产。注意环境安静，清洁卫生、通风透气、干燥、防寒保暖	——妊娠前中期适当降低日粮营养水平，特别是控制能量的摄入量，增加青绿料和日粮粗纤维、氨基酸、矿物质、维生素 A、维生素 E 及叶酸等的含量 ——妊娠后期，必需增加饲料和青绿料的供给量。于临产前 15d 将产仔舍彻底清扫消毒，母猪产前 7 ~ 10d 进入产房，产前 7d 开始逐渐减少饲料供给量 ——母猪分娩当天，只给少量的葡萄糖盐水和麦麸水，以后逐渐加料，7 ~ 10d 加到正常日粮水平。断奶前 3d，逐渐减料，以防乳房炎的发生	1 级

第三节　猪病防控

一、消毒和免疫控制

序号	名称	控制点	符合性要求	等级
1	消毒	猪场大门入口处设置宽与大门相同,长等于进场大型机动车车轮一周半长的水泥结构消毒池。猪舍入口处要设置长宽与门口相当的消毒池或设置消毒盆以供进出人员消毒	感官评估。全部适用	2 级
		清洁消毒程序应规定每座建筑物的清洁消毒频率,如果使用清洁剂和消毒剂则要注意正确的浓度和使用频率	a. 当圈舍腾空后,应对其场地、设施设备等进行彻底的清洗和消毒 b. 每天坚持打扫猪舍卫生,保持料槽,水槽、用具干净,地面清洁。定期对料槽、水槽等饲喂用具进行消毒 c. 猪场内道路每 2 ~3 周消毒一次,场周围及场内污水池、排粪坑、下水道每 1 ~2 个月消毒一次	1 级
		参观者应穿防护服并经消毒后方可参观	应有相关记录。全部适用	1 级
		在生产区附近应有更衣室。室内应装有淋浴设施、洗手用具、消毒池及其他必要的清洗消毒设施	感官评估。全部适用	2 级
2	卫生和害虫控制	猪场应在以下方面能提供和实施书面的文件: ——对参观者的规定; ——虫害的控制; ——养猪场清洁消毒; ——死亡动物的处理	当场验证书面文件: ——按猪只安全的要求制定接待参观者的程序。参观者须更换衣服、鞋并在参观者登记册上登记; ——虫害控制程序应包括养猪场的诱饵布置图,诱饵和记录; ——确定常用处理方法。对于病死的猪进行无害化处理,应详细记录处理的数量、时间和处理的方法。全部适用	1 级

（续表）

序号	名称	控制点	符合性要求	等级
3	免疫接种	猪场应根据《中华人民共和国动物防疫法》及其配套法规的要求，结合当地疫病流行的实际情况，制定免疫计划、有选择地进行疫病的预防接种工作	对国家兽医行政部门不同时期规定需强制免疫的疫病，疫苗的免疫密度应达到100%，选用的疫苗应符合《中华人民共和国兽用生物制品质量标准》，并注意选择科学的免疫程序和免疫方法	1级

二、疫病控制

序号	名称	控制点	符合性要求	等级
1	疾病监测	猪场应根据《中华人民共和国动物防疫法》及其配套法规的要求，结合当地兽医行政主管部门有关要求，制定疫病监测实施方案，并报有关动物防疫监督机构备案	根据国家规定和当地及周边地区疫病流行状况，选择以下疫病进行常规监测：口蹄疫、猪水疱病、猪瘟、猪繁殖与呼吸障碍综合征、乙型脑膜炎、猪丹毒、猪囊尾蚴病、猪旋毛虫病、猪链球菌病、伪狂犬病、布鲁氏病、结核病	1级
2	疫病控制和扑灭	发生疫病或疑似发生疫病时，应依据《中华人民共和国动物防疫法》及时采取措施	a. 养猪场兽医应及时进行诊断，并尽快向当地畜牧兽医行政管理部门报告疫情，同时采集病料送有关部门检验 b. 确诊发生口蹄疫、猪水疱病时，养猪场应配合当地畜牧兽医管理部门，对猪群实施严格的封锁、隔离、消毒、扑杀和无害化处理等强制性措施；发生猪瘟、伪狂犬病、结核病、布鲁氏菌病、猪繁殖与呼吸综合征等疫病时，应对猪群实施清群和净化措施；全场进行彻底的清洗消毒，病死或淘汰猪的尸体按 GB 16548 进行无害化处理，消毒按 GB/T 16569 进行	1级

（续表）

序号	名称	控制点	符合性要求	等级
3	治疗圈	应有指定的治疗圈以隔离和治疗伤病猪	现场确认治疗圈，可以是一般的圈舍在需要时变更。全部适用	1 级
		应对治疗圈中的猪只每天至少进行两次检查。对治疗无效的猪只应立即征求兽医的处理意见或实施人道屠宰	感官评估	1 级
		用于治疗的圈舍应通风良好、结构合理、温暖干燥并为伤病猪提供适宜的躺卧区	感官评估。全部适用	1 级
		治疗圈在重新使用前，应腾空并彻底清扫消毒	应有消毒记录。全部适用	1 级
4	死亡和濒死生猪	应记录所有死亡猪只及死亡原因。监控猪只死亡率水平，当超过目标水平时，猪场的兽医应制定相应的行动计划	应有死亡猪只记录。应有证据表明对这些记录进行了定期分析（至少每 6 个月一次），并将制定出的行动方案纳入兽医健康计划	1 级
		应有受控专用场所或容器储存病死猪只。该场所或容器应易于清洗和消毒。病死猪只远离畜栏	处理方法符合要求，员工须知相关知识。结合 GB/T 20014.6 中相关条款进行检查	1 级
		应有受控专用场所或容器储存病死猪只。该场所或容器应易于清洗和消毒。病死猪只远离畜栏	处理方法符合要求，员工须知相关知识。结合 GB/T 20014.6 中相关条款进行检查	2 级
5	人畜共患疾病	养猪场的兽医健康计划和净化程序中应包含预防和控制沙门氏菌病的内容并能把沙门氏菌病的发生率降到最低限度	有兽医签发的兽医健康计划和净化程序。全部适用	1 级

（续表）

序号	名称	控制点	符合性要求	等级
6	兽医健康计划	兽医健康计划应包括动物健康、福利和传染病防治相关内容。还应包括 GB/T 20014.6 中的相应条款的所有内容和监控畜群的生产性能参数、淘汰或屠宰生猪的数量及原因当这些指标超出目标水平时，应对其按现有的情况进行重新评估和修改	感官评估兽医健康计划。全部适用	1 级
		兽医健康计划应详细说明对新引入猪只所采取的适宜的检疫措施	适宜的检疫措施取决于现有畜群和引入猪只的健康状况。现场确认兽医书面计划的充分性。全部适用	1 级
		生猪养殖场应有指定兽医专家为其服务，指导每季度的检查并形成书面报告	现场确认最近 12 个月每季度的兽医书面报告。全部适用	1 级
		咬尾、咬耳、咬侧腹和好斗等行为明显超过正常值时，兽医应制定有效的改进措施并写入兽医健康计划	在饲养的畜群中有超过 2% 的猪只有恶习则视为异常，如果发现有此类情况，应有兽医编写的书面行动计划和有效实施的证据全部适用	1 级
		制定并有效实施控制体内和体表寄生虫病的计划	有相应的计划全部适用	2 级
		所有注射工作均应由技术熟练的员工从猪只的颈部注射。除非经过专业兽医的指导，否则要有专业兽医的参与	员工应具有相应的技能全部适用	1 级
		应由国家相关权威机构认可的兽医为农场服务	确认证书	3 级
7	抗生素	不应长期以促进生长为目的使用治疗用抗生素。禁止使用激素类促生长剂	有相关兽医处方，无证据表明使用过治疗用抗生素和激素作为促生长剂	1 级
		不应使用非治疗用抗生素促生长	有相关兽医处方，无证据表明使用过非治疗用抗生素作为促生长剂	3 级

第四节 猪场管理

一、生猪和饲料的可追溯性

序号	名称	控制点	符合性要求	等级
1	生猪来源	繁殖用种猪的氟烷基因检测应为显性纯合子（NN），品种纯正。相关记录和声明应保存3年	使用育种公司的种猪，应通过文件验证其使用的种猪品种纯正，氟烷基因检测为显性纯合子（NN）	1级
		引进种猪时，应隔离观察15～30d，经兽医检查确定为健康合格后，方可供繁殖使用	应有相关记录	1级
		所有引入的生猪应带有免疫耳标，并有畜牧兽医部门出具的检疫证、非疫区证明和车辆消毒证明	感官评估。应有相关证明文件	1级
		猪场中所有生猪应具有可追溯性，无来源不明的生猪。送宰前应检查所有猪只，保证其永久的身份标识	应由可追溯的猪只记录，包括猪只来源、品种、来源途径以及人工授精精液来源的书面记录和运输记录	1级
		应对有断针的生猪做永久标识。事故发生的时间、被标识的生猪及药物的种类应记录在用药手册中	感官评估。管理者应须知相关标准。全部适用	1级
		当带有断针的生猪被送往屠宰场时，应在运输途中与合格的生猪分开，被标识并按急宰猪处理。运送这种猪时，应事先通知屠宰场	感官评估。管理者应须知相关标准。全部适用	1级
2	饲料	应须知饲料组成并可追溯其来源，保存好饲料验收记录	应记录自配饲料的配方并保存3年。自配饲料的成分含量记录和样品应至少保存6个月，有相关记录。全部适用	1级

二、疫病记录要求

序号	名称	控制点	符合性要求	等级
1	记录	每群生猪都应该有相关的资料记录，内容包括生猪品种及来源，生产性能，饲料来源和消耗情况、兽药使用及免疫接种情况，日常消毒措施，发病情况，实验室检查及结果，死亡率及死亡原因，无害化处理情况等	资料记录应当及时、准确、真实、完整，并保留两年以上，便于查询	1级

三、人员要求

序号	名称	控制点	符合性要求	等级
1	人员要求	养猪场应在以下方面有相应能力的员工： ——药物的安全使用； ——猪只管理和治疗； ——猪只福利和健康（包括对疾病、非正常行为和冷热应激的认识）； ——知道何时向何人寻求进一步的帮助	——使用药物的员工应被授权，员工应须知药物注射程序（肌肉注射：针头的长度根据动物的重量而定）、使用方法、记录程序和休药期的观察所要求的知识 ——员工应须知怎样管理不同大小的猪只：无拖拉猪耳和腿的情况，须知注射/断牙/剪尾时如何固定仔猪 ——员工应掌握：猪常见疾病的知识，如地方性肺炎，猪丹毒；恶习（咬尾、咬耳/侧腹、咬阴部），热应激（喘气、换毛），冷应激（抱团，肤色苍白）。全部适用	1级
2	日常管理	每日检查，生猪不应有受伤、生病和痛苦的征兆。对哺乳母猪和仔猪的检查频率应更高	员工应须知相关要求，圈舍中没有伤病猪。全部适用	1级
		禁用电棍、棍子和水管驱赶猪只	员工须知相关知识。全部适用	1级
		除育成公猪、预产母猪和治疗圈的生猪外，生猪应保持在一个稳定的群体中，不得将其隔离出群体	按常规，猪应从较大的群体流向较小的群体管理者应掌握相关知识。全部适用	1级
3	调查	猪场应与屠宰场沟通，以获得关于胴体问题的反馈意见。必要时应采取相应的措施	养猪场从屠宰场得到的反馈记录。全部适用	2级

四、装运与运输

序号	名称	控制点	符合性要求	等级
1	装载前	生猪应送往国家的定点屠宰场屠宰，应对送宰的生猪进行检查并记录。严禁将伤病和休药期未结束的生猪送往屠宰场，淘汰种猪应特别标识，并事先通知屠宰场	感官评估。有相关记录，员工须知相关要求。全部适用	1 级
		运往屠宰场前应禁食 12h 以上	员工知道相关要求。全部适用	2 级
		发运或装车前，应禁止使用镇定类药物	育肥场不得有类似药物。在繁育场检查药品采购记录和使用记录，以确认该药只用于种猪。全部适用	1 级
2	运输	装运的斜道坡度应不超过 20°，以免生猪滑倒	测量装运斜道的垂直高度和水平长度，垂直高度和水平长度之比应小于 0. 36	3 级

第六章　肉禽健康养殖控制点与符合性规范及释义

第一节　养殖场的建设

一、养殖场场地的选择

序号	控制点	符合性要求	等级
1	肉禽养殖场场地应当背风向阳，交通方便，地势干燥，能保持相对稳定的小气候环境。地势要稍高且排水方便，避免雨季洪水的威胁。地面平坦且稍有坡度，以便排水，防止雨后积水泥泞。无有害气体、烟雾、灰尘及其他污染。畜禽养殖场周围必须有可靠的电力供应，靠近输电线路，保证全天供电。鸭场最好能充分利用自然地形地物，如树林、河川等作为场界的天然屏障	感官评估。场址选择和规划应符合 GB/T 20014.6 的规定	1 级
2	鸭场内的土壤，应该是透气性强，毛细管作用弱，吸湿性和导热性小，质地均匀，抗压性强，以砂质土壤最适合	感官评估。土壤质量应符合 GB 3095 的规定	1 级
3	具备清洁而保障肉禽养殖场使用的水资源。水源要便于保护、取用方便	地面水要符合 GB 3838 的规定，饮用水质量要符合 GB 5749 的规定	1 级
4	肉禽养殖场建筑整体布局合理，应便于防火和防疫，养殖场内分设生活管理区、生产区及粪污处理区，生产区和生活管理区相对间隔，生产区应在生活区的常年主导风向的下风向，粪污处理设施和畜禽尸体焚烧炉应设在养殖场的生产区、生活管理区的常年主导风向的下风向或侧风向处	感官评估。应符合 GB/T 20014.6 的规定。全部适用	1 级

【条文解释】

(1) 选址和舍内建筑设计合理是今后安全生产、取得良好经济效益的前提条件，在禽场（舍）建筑设计过程中，应高标准设计，否则造成环境条件下降，尤其会对种肉禽终生的生产性能带来负面的、不可逆转的影响，从而影响经济效益。为有效防控传染病，杜绝传染源的侵入和各种疾病的发生；保证禽舍做到安全生产，生产合格的无公害产品。场地宜选在地势较高、干燥平坦、排水良好、背风向阳或稍有缓坡的地方。土质要求透气、透水性能好，抗压性强，以沙壤土或壤土为好。水源要充足，水质良好，无异臭或异味，保证有充足的电源。场地应远离铁路、主要交通干线、车辆来往频繁的地方，距离在400m以上，距次级公路也应有100～200m的距离。应远离重工业工厂和化工厂，无有害气体、烟雾、灰尘及其他污染。原种禽场、种禽场、孵化场和商品场以及育雏、育成车间（场）必须严格分开，相距500m以上，并要有隔离林带。各类鸡场的鸡舍间距离应在50m以上。为了防止畜禽共患疾病的互相传染，有利于环境保护，禽场应远离居民区500m以上。

(2) 禽舍按标准的行列式排列与地形地势、气候条件、舍朝向选择等发生矛盾时，也可将舍左右错开、上下错开排列，但要注意平行的原则，避免各舍相互交错。当舍长轴必须与夏季主风向垂直时，上风行舍与下风行舍应左右错开呈“品”字形排列，加大舍间距，有利于通风。鸡舍间距不小于鸡舍高度的3～5倍时，可以基本满足日照、通风、卫生防疫、防火等要求。一般密闭式鸡舍间距为10～15m；开放式鸡舍间距约为鸡舍高度的5倍。而对于肉用仔鸭，鸭舍跨度以7.0m为宜，种鸭舍跨度以5.0～5.5m为宜。

(3) 禽舍的建筑布局：禽舍应划分为管理区、生产区及隔离区。主要考虑人、禽卫生防疫和工作方便，根据场地地势和当地全年主风向，顺序安排以上各区。管理区中的职工生活区应设在全场的上风向和地势较高地段。生产区设在这些区的下风和较低处，但应高于隔离区，并在其上风向。生产区中根据主导风向，按照育雏舍、育成舍、成鸡（鸭）舍或种雏鸡（鸭）舍的顺序排列，舍间应保持适当的距离。隔离区包括病、死鸡隔离、剖检、化验、处理等房舍和设施、粪便污水处理及贮存设施等，是卫生防疫和环境保护工作的重点，该区应设在全场的下风向和地势最低处，且与其他两区的卫生间距不小于50m。

【建议记录】

（1）养殖场选址的风险评估报告。

（2）周围环境参照系统。

（3）养殖场平面布局图及舍内设计图。

二、养殖场场内规划

序号	控制点	符合性要求	等级
1	在新建和改建禽舍时应听取有关专家的建议	有专家的建议和记录。无新设施不适用	3级
2	禽场的场内道路应设有净道和污道并互不交叉，有粪污排放处理设施和场所及消毒设施。场内道路应不透水，材料可视具体条件而定。道路宽度根据用途和车宽决定。生产区的道路一般不行驶载重车。道路两侧应留绿化和排水明沟位置。禽养殖场周围要设绿化隔离带	感官评估。饲养场的净道与污道要分开。全部适用	1级

【条文解释】

（1）净道用于人员行走、生产联系和运送饲料、产品。污道用于运送粪便污物、病禽和死禽。场外的道路不能与生产区的道路直接相通。管理区与隔离区应分别设与场外相通的道路，以利于卫生防疫。

（2）采用全进全出制度，使一栋禽舍或一个场地有一段空置期，便于彻底清理消毒。雏禽对疾病的抵抗力比成年家禽差，成年家禽免疫后的排毒会造成雏禽感染，因此雏禽和成年禽应分区饲养，雏禽在上风向。

（3）畜禽养殖场应有废弃物处理和销毁设施，排泄物应定期从禽舍和饲养设施中运走。可根据当地实际情况采取综合利用措施（如微生物发酵或沼气发酵）。肉禽排泄物应有足够的田地消纳。遵循先处理后消纳的原则。

（4）场内道路应不透水，可视具体条件选择柏油、混凝土、砖、石或焦渣等，路面断面的坡度为1% ~3%。道路宽度根据用途和车宽决定，通行载重汽车并与场外相连的道路需3.5 ~7m，通行电瓶车、小型车、手推车等场内用车辆需1.5 ~5m，只考虑单向行驶时可取其较小值，但需考虑回车道、回车半径及转弯半径。生产区的道路一般不行驶载重车，但应考虑消防状况下对路宽、回车和转弯半径的需要。

（5）禽舍排水设施是用于排出场区雨、雪水，保持场地干燥、卫生。一般可在道路一侧或两侧设明沟，沟壁、沟底可砌砖、石，也可将土夯实做成梯形或三角形断面，再结合绿化护坡，以防塌陷。如果鸡场场地本身坡度较大，也可以采取地面自由排水，但不宜与舍内排水系统的管沟通用。

（6）禽场植树、种草绿化，对改善场区小气候、净化空气和水质、降低噪声等有重要意义。在进行鸡场规划时，必须规划出绿化地，其中包括防风林、隔离林、行道绿化、遮阳绿化、绿地等。防风林应设在冬季主风的上风向，沿围墙内外设置，最好是落叶树和常绿树搭配，高矮树种搭配，植树密度可稍大些；隔离林设在各场区之间及围墙内外，应选择树干高、树冠大的乔木；行道绿化是指道路两旁和排水沟边的绿化，起到路面遮阳和排水沟护坡的作用；遮阳绿化一般设于鸡舍南侧和西侧，起到为鸡舍墙、屋顶、门窗遮阳的作用；绿地绿化是指鸡场内裸露地面的绿化，可植树、种花、种草，也可种植有饲用价值或经济价值的植物，如果树、苜蓿、草坪、草皮等，将绿化与养鸡场的经济效益结合起来。

三、养殖场设施

序号	控制点	符合性要求	等级
1	禽舍排水设施不宜与舍内排水系统的管沟通用	隔离区要有单独的下水道将污水排至场外的污水处理设施。全部适用	1级
2	畜禽养殖场应有废弃物处理和销毁设施。保持禽舍干燥和清洁卫生	粪便等废弃物要及时处理。按照 GB 18596 规定排放污物。全部适用	1级

（续表）

序号	控制点	符合性要求	等级
3	禽舍应达到以下要求： ——屋顶和天花板用防水材料制成，处于良好状态且容易清洗； ——地面排水良好、安全舒适和卫生； ——墙壁建筑材料应坚固、防水、防风、防虫并便于消毒； ——房屋绝缘且高度适宜。在炎热的季节，禽舍要安装纱窗、纱门，并有防鼠装置。禽舍入口处应设有缓冲间以免冬季的寒风进入	按控制点中说明的执行	1 级
4	禽舍应有防鸟设施。禽舍地面和墙壁应便于清洗，并能耐酸、碱等消毒药液清洗消毒	感官评估。应符合 GB/T 20014.10 的规定。全部适用	1 级
5	禽舍中关于福利的要求应进行标记，生产者和主管兽医应对所有禽舍定期检查。在禽舍内应明示以下内容： —可用的地面活动范围； —最大饲养密度； —饲养量； —温度控制； —饲料类型和料库类型； —光照制度	禽舍内有关键控制点的标志，每年进行检查。全部适用	2 级

【条文解释】

禽舍的清洗消毒是经常进行的程序，因此内部材料必须能防水冲洗。为防止野鸟带入野毒，禽舍有防护网，还要有温控及通风措施。所有圈舍、通道、围栏不应有造成畜禽伤害的尖锐突出物，墙角、破损的铁栏或机器不会伤害肉禽。

【建议记录】

（1）禽舍清空时的消毒记录。

（2）每年定期的禽舍清空消毒记录。

第二节　肉禽健康养殖过程控制

一、饲养环境

（一）温度、湿度、通风及空气质量

序号	控制点	符合性要求	等级
1	禽舍内的温度、湿度、风速、细菌、噪声及有毒有害气体含量应低于不同阶段家禽的耐受程度，符合 NY/T 388 的要求，以降低疾病发生几率。空气中灰尘控制在 4mg/m^3 以下，微生物数量应控制在 21×10^4 个/m^3 以下。肉鸭的环境空气质量应符合 GB 3095 要求	感官评估执行情况，实地进行禽舍空气质量监测，有氨气、二氧化碳、硫化氢浓度检测记录。员工应能阐述须知的具体内容。全部适用	1 级
2	禽舍的温度和通风量应适合设施、家禽日龄、体重和生理要求	感官评估，员工应能阐述须知的具体内容。全部适用	1 级
3	养殖场应有书面的有效通风执行计划，此计划能够说明空气质量参数、通风量和通风频率	有实施的书面计划。计算机控制系统通过演示可以作为可接受的证据。无机械通风的不适用	2 级
4	通风系统的设计应使空气污染物控制在国家权威机构推荐的水平以下，且符合 NY/T 388 的要求	有测试结果记录	3 级
5	自动通风换气的禽舍，温度调节应控制在±3℃以内	有每天的温度记录。自动通风设备的通风能力达到每小时 3m^3/kg 家禽。全部适用。	2 级
6	有自动通风装置的禽舍内，应测量每天的温度，并做好记录	有每天的温度记录。全部适用	1 级
7	舍内空气质量应受控，以确保空气污染程度不引起人员明显不适	在空气污染不可接受的地方，应有空气污染控制的行动计划。不存在空气质量问题的地方不适用	2 级

【条文解释】

（1）肉雏鸡最适合温度是 21～27℃，但前 3 周环境温度则需要保持在 28～35℃，成鸡 10～24℃。肉雏鸭第 1 周龄要求温度约为 30～32℃，第 2 周龄、第 3 周龄、第 4 周龄分别比前周低 2～3℃。温度过低，禽聚集一起；

温度过高，禽喘气，饮水增加；温度正常，均匀散开，吃食正常，活泼可爱。一般超过30℃就会影响成年禽的生产性能。温度达到43℃以上，超过3h就会死亡。

（2）湿度过低会造成禽舍内悬浮颗粒物增加，雏鸭易出现脚趾干瘪、精神不振等轻度脱水症状，高湿情况会加大高温或低温的影响程度，因此要严格控制。一般1周龄肉雏鸭，育雏室的相对湿度应保持在60%～70%，2周龄起维持在50%～55%。肉鸡则保持在75%左右。

（3）通风是为了将污浊的空气、水汽、有害气体和尘埃排出，同时补充新鲜空气。不同年龄阶段、不同季节家禽对通风量的要求是不同的。雏禽最初阶段对舍温要求较高，通风量不宜太大，一般为0.5～0.8m/s。在高温季节，通风可起到降温的作用。

（4）禽舍的有害气体会对人、禽的健康产生不良影响，或使人感到不舒服，影响工作效率。禽舍内量多、危害大的有害气体主要有二氧化碳、氨气、硫化氢、甲烷等，另外用煤炉加热燃烧不完全还会产生一氧化碳。这些气体对家禽的健康和生产性能均有负面影响，而且有害气体浓度的增加会降低氧气的相对含量。因此，禽舍内各种气体的浓度应控制在可接受范围内，应符合NY/T 388的要求。

【建议记录】

（1）每天温度湿度的监控记录。

（2）有害气体监控记录。

（3）定期测量禽舍内病原微生物量的记录。

（4）空气质量参数、通风量和通风频率的监测记录。

（5）氨气、二氧化碳、硫化氢浓度监测记录。

【特殊预案】

序号	控制点	符合性要求	等级
1	夏季，员工应采取措施预防肉禽热应激。可以采取的措施有降低饲养密度、增加通风量或水帘降温	有每天的温度记录	2级

（续表）

序号	控制点	符合性要求	等级
2	寒冷地区，肉禽养殖场应有取暖和换气设备	有每天的温度记录和通风换气记录	2 级
3	每栋禽舍应有在冷热应激时实施温度调控的措施，所有的员工应熟悉并执行	有书面规定，员工能示范如何实施。全部适用	2 级
4	肉禽养殖场应有天气预报记录，以制定针对温度急剧变化的计划	有天气预报记录和所采取措施的记录	3 级

【条文解释】

夏季高温是造成肉禽生产性能下降甚至死亡的重要因素。加大通风量是夏季降温的主要手段。风机湿帘降温系统在高温低湿的情况下效果明显，但是在高湿的情况下效果不明显。冬季禽舍要进行保温，也要协调通风和保温的平衡，避免强调保温而造成有害气体的聚集和强调通风造成的冷应激。天气的突然转变，会使温度突然转变，造成应激，不利于家禽的生产，尤其是春秋季节。

【建议记录】

（1）天气预报记录。

（2）温度急剧变化时所采取措施的记录。

（3）每天通风换气记录。

（4）员工活动工作记录。

（二）光照

序号	控制点	符合性要求	等级
1	同一禽舍里的光照强度保持一致	按控制点中说明的执行。全部适用	2 级
2	在人工光照下饲养的家禽，每 24h 至少应有 6h 的黑暗时间	按控制点中说明的执行。自然光照下饲养的肉禽则不适用	1 级
3	应有禽舍光照方式的记录，这些方式应经畜禽专家确认	有光照水平经畜禽专家确认的记录。全部适用	3 级
4	人工光照时，禽舍应保持适宜的光照强度（一般为 10lx）	有光照记录。自然光照不适用	2 级

（续表）

序号	控制点	符合性要求	等级
5	应制定最低水平的光照强度以减少家禽的异常行为	有最低光照强度指标。光照不改变的地方则不适用	2 级
6	高于最低水平的光照强度应有利于改善家禽的福利和活动，因此推荐高水平的光照	按控制点中说明的执行	3 级
7	禽舍内应备有应急灯	感官评估。自然光照不适用	2 级
8	应为员工提供正常工作的光照强度	感官评估。自然光照不适用	3 级

【条文解释】

（1）光照不仅使家禽能看到饮水和饲料，促进家禽的生长发育，而且对家禽的繁殖有决定性的刺激作用，即对家禽的性成熟、排卵和产蛋均有影响。不同品种、不同阶段的家禽对光照时间、光照强度的要求不同。雏禽为适应环境前 3d 需要的光照时间要长一些，多采用 24h。

（2）光照强度要根据家禽的视觉和生理需要而定。光照太强不仅浪费电能，而且家禽易惊群，活动量大，消耗能量，易发生斗殴和啄癖。光照过弱，影响采食和饮水，起不到刺激作用，影响生产性能。

（3）肉鸭饲养过程中，宜提供 24h 光照。夜间宜采用弱光照明，光照强度为 10～15lx（1m^2 面积 2～3W）。

【建议记录】

（1）光照水平经兽医专家确认的记录。

（2）光照记录。

（3）员工活动工作记录。

（三）饲养密度

序号	控制点	符合性要求	等级
1	禽舍应有充足的空间，使员工可以自由进入检查和转移病残家禽	感官评估。全部适用	2 级
2	禽舍应有充足的空间以使家禽能自由活动： ——有活动的自由； ——能正常的站立和转动； ——能伸展翅膀； ——栖息自如； ——蹲下时不会碰到其他家禽	感官评估。全部适用	1 级

（续表）

序号	控制点	符合性要求	等级
3	种禽最大饲养密度应符合品种要求	有存栏量记录。全部适用	1 级
4	后备母禽最大饲养密度应符合品种要求	有存栏量记录。全部适用	1 级
5	记录应能显示符合最大饲养密度和生长速度的要求。对生长速度超过最大饲养密度要求的禽舍，家禽养殖场应能够确定和采取适当的预防措施	有生长后期最大饲养密度的监控记录。全部适用	2 级
6	肉鸡在整个饲养周期内应能保证最大饲养密度，适合肉禽生长需要，一般地面平养不超过 8 只/m^2；网上平养不超过 10 只/m^2。	有存栏量记录。全部适用	1 级

【条文解释】

（1）饲养密度与肉禽的生长发育、饲料转化率及健康水平紧密相关。不同品种、不同类型甚至不同阶段的肉禽对饲养密度的要求并不相同，总体说来以满足肉禽生长需要和健康为基本原则。至少通过人的观察不能发现家禽出现明显的拥挤，长期饲养在高密度环境下的家禽也容易发生啄癖。

（2）肉鸭的饲养密度应随日龄的增长而逐渐减少，因季节变化而变化，冬季可大些，夏季可小些。地面平养时，1 周龄适宜饲养密度为 30～20 只/m^2，2 周龄适宜饲养密度为 15～10 只/m^2，3 周龄适宜饲养密度为 10～7 只/m^2，育成期适宜饲养密度为 6～5 只/m^2，种鸭适宜饲养密度为 3～2 只/m^2。网上饲养时，1 周龄适宜饲养密度为 50～30 只/m^2，2 周龄适宜饲养密度为25～15 只/m^2，3 周龄适宜饲养密度为 15～10 只/m^2，育成期适宜饲养密度为 8～6 只/m^2，种鸭适宜饲养密度为 5～4 只/m^2。

（3）笼养鸡和平养鸡的饲养密度不同，平养每只鸡至少需要 800cm^2 的地面面积。一般地面平养不超过 8 只/m^2；网上平养不超过 10 只/m^2。种鸡和商品鸡也不相同，雏鸡、育成鸡和成年鸡也不相同，一般与体重和体型有关系。

【建议记录】

（1）禽舍有效面积的记录。

（2）存栏量的记录。

（3）生长后期最大饲养密度的监控记录。

（4）肉禽体重与体型记录。

（四）垫料

序号	控制点	符合性要求	等级
1	垫料要求清洁干净干燥，雏龄越小，要求垫草越厚	垫料应干燥且松散，不用垫料的地方或笼养种鸡则不适用	1级
2	垫料应符合以下要求： ——适宜的材料和颗粒大小； ——干燥松散； ——足够厚度（最小2cm）； ——每天要添加足够垫料，必要时更换新的垫料	按控制点中说明的执行。不用垫料的地方则不适用	1级
3	在出栏后，使用过的垫料应及时清除并妥善处理。禽舍的清理记录应妥善保管	有处理记录。不适用于不用垫料的地方	1级
4	垫料应来自合格的供应商，或来自自己农场的秸秆、稻草、木屑	所有垫料应安全卫生。有垫料供应商的资质证明，或垫料供应商的卫生合格证明。不用垫料的地方不适用	3级
5	饮水和采食区不垫料	按控制点中说明的执行。不用垫料的地方则不适用	1级
6	如果垫料回收后再利用，应经处理并评估有无有害微生物污染的风险	能够证明回收再利用的垫料无有害微生物污染风险。不使用回收垫料的地方不适用	1级
7	员工应知道如何管理家禽垫料	员工能阐述须知内容。全部适用	2级

【条文解释】

（1）对地面平养肉禽来说，垫料是非常重要的易耗材料。要求柔软、吸水力好，不能受到过污染，能耐受紫外、熏蒸、化学和生物药剂处理，且容易获得，以保证家禽的健康生长发育。还要注意对垫料的日常管理，如：对垫料进行沙门氏菌和球虫控制，有利于保证家禽健康和食品安全。

（2）垫料废弃物应当进行无害化处理，确保周围环境的生物安全。如果垫料回收后再利用，应经处理并评估有无有害微生物污染的风险。

【建议记录】

（1）垫料使用和处理记录。

（2）垫料供应商的资质证明或卫生合格证明。

（3）垫料回收再利用的处理记录。

二、引种

序号	控制点	符合性要求	等级
1	确需引种时，应严格执行《种畜禽管理条例》。种禽应来自非疫区并经检疫合格	感官评估。有引种检疫管理记录。全部适用	1级
2	雏禽应来自具有《种畜禽生产许可证》的父母代种禽场或专业孵化厂，需经产地动物防疫检疫机构的检疫。应符合GB 16549和GB 16567规定	感官评估。有引种检疫管理记录。全部适用	1级
3	种蛋应按照适宜的方法进行标识，或按照能追溯到种禽场代码的方式进行标识	按控制点中说明的执行。全部适用	1级
4	种禽场应按要求进行肠炎沙门氏菌、伤寒沙门氏菌、副伤寒沙门氏菌、鼠伤寒沙门氏菌的监控。应淘汰阳性种蛋和种禽。孵化场种蛋应有沙门氏菌检测记录	有监控记录、检测记录及淘汰记录。全部适用	1级
5	种禽合群饲养前应隔离检疫30d以上并实施免疫接种和驱虫程序	感官评估。有引种检疫管理记录。全部适用	1级
6	应禁止强制换羽	按控制点说明执行	3级

【条文解释】

（1）种禽品质的好坏，直接关系到后代雏禽的育雏率和生长速度，也关系到后代生长成熟后的生产性能。因此，种禽的管理一定要严格，其中包括免疫措施到位，种蛋收集、选择、消毒贮存等方法要合理。

（2）可根据种禽饲养质量、孵化厂的孵化条件、雏禽出雏时间及雏禽的外形来选择。

（3）影响种蛋孵化效果的因素主要有种鸡质量、种蛋质量和孵化水平。种鸡除了要求生产性能卓越外，还不能有传染病，尤其是经卵传播的传染病。经过挑选合格的种蛋要有适宜的保存条件，保证种蛋有正常的孵化率和雏禽的健康。

【建议记录】

(1) 种禽免疫程序及免疫记录。

(2) 种蛋收集记录，包括：品种、日期、数量、标识。

(3) 蛋库温度记录。

(4) 沙门氏菌监控记录。

(5) 种群及种蛋关于病原体感染记录。

三、幼雏的供应

序号	控制点	符合性要求	等级
1	刚到达家禽养殖场的雏禽应尽快放入预热的育雏室（预热的温度不应低于30℃），并密切观察其行为	雏禽应放置在温度不低于30℃的出雏箱中。应有温度预热记录。全部适用	2级
2	淘汰雏鸡应经过培训的能胜任的员工施行人道主义的屠宰，在淘汰之后应仔细检查，以确保其死亡	有培训记录。全部适用	2级
3	采用使家禽颈部脱臼的方法进行屠宰	按控制点中说明的执行。全部适用	2级

【条文解释】

雏禽怕冷，需要较高的温度，否则易扎堆聚集死亡。

【建议记录】

出雏箱温度预热记录。

四、饲料和饲料添加剂

序号	控制点	符合性要求	等级
1	应选择具有绿色农产品标记的原料。几种主要原料及执行的质量标准是：玉米（GB/T 17890—2008）、鱼粉（GB/T 19164—2003）、饲料用菜籽粕（GB/T 23736—2009）（NY/T 417—2000）、饲料用大豆粕（GB/T 19541—2004）、饲料用小麦（NY/T 117—1989）	验证相关采购记录	1级

（续表）

序号	控制点	符合性要求	等级
2	所有购买的饲料原料应能追溯到供应商	所有饲料原料应能追溯到供应商。全部适用	1级
3	作为饲料原料和饲料成分的证据，养殖场应保存好饲料原料标签	有饲料原料标签记录（包括饲料成分）。全部适用	1级

【条文解释】

饲料来源和饲料成分的说明应包括饲料常规营养成分以及有毒有害物质残留情况的说明。

【建议记录】

（1）饲料原料标签记录。

（2）饲料产品的采购记录。

（3）饲料原料供应商的详细情况记录。

序号	控制点	符合性要求	等级
4	饲料及原料应整齐摆放在清洁干燥、无污染的仓库内并标记清楚。抽样检测合格后方可入库	感官评估。员工须知相关要求。全部适用	1级
5	采取预防措施控制啮齿类动物、鸟和虫害，防止饲料受污染	要有饲料仓库管理记录。全部适用	1级
6	饲料仓库管理应遵守良好操作规范并符合相应的法规要求，最大限度降低交叉污染。不同种类饲料要分开存放且易于识别，有相应的标签，并有清晰的标识	感官评估。查看饲料仓库管理制度，不同种类的饲料应单独存放并易于识别。全部适用	1级
7	饲料卫生符合 GB 13078 的要求	有相关记录	1级

【条文解释】

（1）饲料的卫生控制是防止疫病传播的重要环节。饲料一旦出现发霉、变质、结块和异味等现象，家禽的健康生长将受到很大的影响。如何保存饲料，必将影响到饲料的适口性，危害家禽的健康。因此从饲料原料的采购、入库到合理的堆放、防治虫害鼠害都作了说明，使饲料不污染环境的同时也避免被污染，从而保证禽产品的安全无公害。

（2）饲料的加工与全程的卫生控制也很重要，肉禽通过采食被病毒、细菌、虫卵等污染了的饲料，可导致疾病的不断发生，这也是疾病不断暴发的关键因素。因此，必须严把饲料的质量关和卫生关，供给肉禽优质全价的饲料。

【建议记录】

（1）饲料仓库管理记录。

（2）不同种类饲料分开存放，有相应的标签，并有清晰标识的记录。

序号	控制点	符合性要求	等级
8	动物源性饲料应源自获得了《动物源性饲料产品生产企业安全卫生合格证》的生产厂家	有饲料来源记录	1 级

【条文解释】

动物源性饲料是指以动物或动物副产品为原料，经工业化加工、制作的单一饲料。一般包括：肉粉（畜和禽）、肉骨粉（畜和禽）、鱼粉、血粉、血浆粉、动物下脚料粉、羽毛粉、皮革蛋白粉、乳清粉、蚕蛹、骨粉、骨制磷酸氢钙、蛋壳粉、动物油渣、动物脂肪等。动物源性饲料是畜禽蛋白、脂肪和矿物质饲料的重要来源，被广泛的应用于畜牧生产，但也被普遍认为是震惊世界的“疯牛病”的重要传播媒介，因此，只有规范动物源性饲料产品的使用行为，对各个关键环节加强管理，才能保障动物源性饲料安全的安全卫生，才能保障人们消费动物源性食品的安全。其中一些动物源性饲料，可根据生产实际情况用于肉禽的生产，在促进畜禽生产的同时还可以节约一部分其他饲料资源。

【建议记录】

表明动物源性饲料来源的证据。

序号	控制点	符合性要求	等级
9	自制配合饲料的养殖场应有饲料配方，以表明饲料中各成分的百分含量	有相关记录，员工应须知相关要求。全部适用，除非不自制混合料	1 级

（续表）

序号	控制点	符合性要求	等级
10	自制配合饲料不能直接添加兽药和其他禁用药品。允许添加的兽药应制成药物饲料添加剂并经过审批后方可添加	有相关记录，员工能阐述须知的具体内容。全部适用，除非不自制混合料	1 级
11	对加药饲料，应有药物残留处理程序	如果使用了加药饲料，为回收这些饲料，有专用的箱柜或房间分别储藏	1 级
12	饲料中有毒有害物质及微生物含量应符合 GB 13078 的规定	感官评估。提供有毒有害物质及微生物检测记录。全部适用	3 级
13	饲料配制应以肉禽生长发育各阶段的营养需要量为依据进行配制	以营养标准为依据，有相关记录	3 级
14	配合饲料的质量标准应符合 GB/T 5916 的要求	有相关记录	1 级

【条文解释】

进行自配料的农场应具备相应的机器设备和必备的技术支持，在自配饲料的过程要特别注意加药饲料添加剂和鱼粉等特殊原料的合理使用。从 1950 年起就曾有数十种抗生素类促生长剂在欧盟投入使用，如四环素、青霉素、黄霉素、阿伏霉素、螺旋霉素、维吉尼霉素、杆菌肽锌和泰乐菌素等，另外还有化学合成的喹乙醇和卡巴多氧。伴随着抗生素类促生长剂的广泛使用，由此带来的问题和争论也越来越受到人们关注。主要是药物残留和耐药性问题。抗生素类促生长剂大多数在肉禽体内有残留现象，为了确保在肉禽产品中没有药物残留，饲料厂和养殖场都应该制定合理的药物残留处理程序。

【建议记录】

（1）饲料配方和饲料留样记录。

（2）饲料添加剂及允许添加的药物饲料添加剂的使用记录。

（3）含抗生素的饲料添加剂使用记录。

（4）有毒有害物质及微生物检测记录。

五、饲养管理

序号	控制点	符合性要求	等级
1	实行分阶段饲养、分期管理。根据家禽的阶段性生长，配制相应的饲料，以满足家禽的营养需要	感官评估。有库存饲料标签，参照有关标准评估饲料质量。全部适用	2 级
2	制定相应的饲草、饲料不霉变和饮水清洁卫生措施	感官评估草料和饮水，冬天最好饮用温水。全部适用	1 级
3	肉禽饮用水应符合《无公害食品畜禽饮用水水质》（NY 5027）要求	感官评估。员工知道用水要求	1 级
4	应有充足的饮水点和水流量，满足其饮水需要	全部适用	1 级
5	饮水器的设计和安装应保证溢到垫料上的水量最小	有最小溢流量的证明记录。全部适用	2 级
6	饲槽和饮水设施的设计和使用应满足饲养的需要	在检查这些设施时，应考虑下列影响饲养空间和饮水点的因素：①饲槽和饮水器的设计；②家禽在屠宰时的体重；③每天无光照的持续时间；④饲养模式（如自由采食、限饲、饲喂时间）；⑤垫料管理上的影响；⑥检查舒适度的影响；⑦厂商的推荐要求	3 级
7	饲槽和饮水器应安装在能让所有家禽都易于接近并能增加其活动的地方	肉鸡在鸡舍内进食活动的距离不应超过 4m，饮水时活动的距离不应超过 3m。全部适用	1 级
8	所有饮水系统都应安装水表以记录每天的用水量。如果正常的饮水方式被打破，应采取纠正措施	有每天用水量记录和纠偏行动的证据。全部适用	3 级
9	源头储水罐应加盖，并进行卫生监控	有常规的清洗记录。全部适用	1 级

【条文解释】

要求给家禽提供足够的喂料和饮水设备空间，使所有的家禽都能同时吃到饲料、喝到清洁的饮水，保证家禽的均匀度，防止争抢食物引发。

【建议记录】

(1) 提供各饲养阶段饲料配方的记录。

(2) 养殖场所用的饮水水质（检测）记录。

(3) 家禽自由采食的充足空间记录。

(4) 饲喂工艺的记录。

(5) 每批家禽的饲槽、饮水设备放置记录。

(6) 饮水器最小溢流量的证明记录。

(7) 储水罐和输水管清洁记录。

(8) 提供饲料饮水的供应说明。

(9) 源头储水罐卫生控制和清洗记录。

(10) 每天用水量记录和纠偏行动的证据。

序号	控制点	符合性要求	等级
10	肉鸡在孵化后 7~10d 龄内去喙。断喙时，上喙切掉从鼻孔到啄尖的 1/2；下喙切掉 1/3，形成上短下长的喙形，以防啄癖	感估评估。雏鸡要有去喙的记录。应有书面的判定方法和实施程序。按控制点中说明的执行	3 级
11	应对种鸡（小公鸡）去冠、断爪尖	按控制点中说明的执行	3 级
12	雏鸡放入育雏舍，应注意雏鸡的开食。开食前 2h 喂一次万分之一的高锰酸钾水，以后供给 3%~5% 的葡萄糖水，也可在饮水中添加水溶性多维及抗菌素类药物，以减少应激反应提高雏鸡抵抗力。同时提供充足的饮水。饮水后开食喂料，可把雏鸡料撒在牛皮纸或浅盘，每天喂 5~6 次	员工须知开食饲养方案。做到及时开食，正确开食	2 级
13	雏鸡做到自由采食，少量勤添，并有足够的光照以刺激食欲。第 3~4d 就可用小鸡料桶喂料，并逐渐撤去牛皮纸。每只鸡料槽边长要有 2.5~5cm	员工须知开食饲养方案。做到及时开食，正确开食	2 级
14	当鸡群转到中鸡舍后，应将雏鸡料分 3d 逐渐过渡到中鸡料	员工须知转群饲养方案。做好转群期间饲养工作，保证鸡的健康成长	2 级
15	鸡的称重要贯穿种鸡生产的全过程。称重是判断鸡群的用料、生长发育的重要手段	称重应做到五定：定人、定时、定位、定器、定精	3 级
16	适时添喂砂砾	砂砾要求干净、无污染	1 级

【条文解释】

（1）鸡成长的过程中，有时候会形成啄癖。啄癖的发生，会影响鸡的健康，容易感染病菌。因此，在雏鸡时必须给鸡去喙。

（2）开食开饮的早晚，直接影响到雏鸡的健康和生长发育。开食的方法：首先要打开电灯，增加照明度；其次在舍内铺上板纸或塑料布，将饲料均匀地撒在纸上或塑料布上，边撒边唤，诱鸡吃食。每次吃食的时间保证在30min左右，每隔1～2h喂1次。开食时要细心观察鸡群的情况。

（3）称重比例：育雏育成期称重10%，产蛋期称重5%，公鸡15%；正确的计算平均体重，只有真实的体重才能把握和指令饲养工作；准确称重后，对体重变化异常的鸡群必须采取相应的措施，绝不能拖延。

（4）适时添喂砂砾可促进肌胃发育，增强胃的运动力，提高饲料消化率。1～14d每100只鸡喂给约200g细砂砾；以后每周每100只鸡喂给约400g粗砂砾，或在鸡舍内均匀放置几个砂砾盆，供自由采用。

【建议记录】

（1）去喙情况的记录，包括断喙日期、人员、断喙器型号。

（2）转群情况的详细记录。

（3）饲养制度和肉禽体重记录。

（4）添喂砂砾记录。

序号	控制点	符合性要求	等级
17	公、母鸡分群饲养	员工应知道如何分群	1级

【条文解释】

公母雏鸡生长速度有差异，公母雏鸡利用日粮养分能力有差异，公母雏鸡要求温度有差异，同龄公母雏鸡大小强弱有差异。从出壳起雏鸡将公、母鸡分群饲养到出栏，这样可以提高成活率、饲料利用率、肉鸡商品率，降低饲养成本，提高养殖效益。

【建议记录】

公母分群时间记录。

第三节 疫病防控

一、消毒和防疫

序号	控制点	符合性要求	等级
1	防疫、消毒、医疗、孵化器等器械在每次使用前后应清洗消毒	感官评估。若无这些操作，则不适用	1级
2	同一家禽养殖场的家禽应能够实施“全进全出”饲养制度	有第一批进场和最后一批出场的记录	2级
3	未经许可，外来车辆和人员不允许进入生产区	感官评估。全部适用	1级
4	参观人员进入生产区要经过规定的消毒程序，更换消毒的防护服、鞋和帽	感官评估。有防护服的书面清单并且现场要有实物，员工须知消毒工作服的使用情况。全部适用	2级
5	员工不应私自饲养或接触其他禽类和鸟类。禁止猫狗进入	感官评估。证明员工没有私自饲养家禽。全部适用	2级

【条文解释】

(1) 应该严格遵守消毒程序，消毒程序执行的好坏直接影响到防疫效果的成败。尤其要注意各种直接与家禽接触的器械的消毒和清洗工作。

(2) 完善的防疫制度是杜绝传染病的有效措施，很多传染病是通过人员、老鼠、昆虫、飞鸟、车辆传播的。只有严格按照消毒防疫程序，切断传播途径，才能有效控制传染病。

(3) 饲养区内应建有消毒池、人员进入生产区之前应该进行紫外线消毒并进行洗手消毒。通过兽医来访可对禽场卫生管理措施和动物健康计划执行情况进行合理的评估，以便提出整改措施和建议。

(4) 家禽养殖场应有书面的规章制度控制来宾、车辆和原材料进入，应包括：来宾的防护服和鞋靴；来宾、进入家禽养殖场的车辆和原材料的记录；消毒剂的供应和其他防疫措施的规定；禁入区和危险区的标识；家禽进入家禽养殖场的隔离观察天数；进入家禽养殖场的人员、运输工具和设备、饲料、垫料和其他供应材料的风险分析；家禽离开养殖场时的卫生处理。

【建议记录】

(1) 各种器械的消毒记录。

(2) 空禽舍彻底清洗消毒的详细记录。

(3) 来宾、车辆和原材料记录。

(4) 养殖场虫鼠害监控计划执行记录。

二、疫病控制

序号	控制点	符合性要求	等级
1	选择广谱、安全、高效的药物进行驱虫。按常规程序进行免疫	感官评估。有驱虫记录。全部适用	2级
2	检查每天的死亡和淘汰记录；群体生产性能（如生长速度）；屠宰家禽的判定等级和类型；关节和爪部疾患；加工厂监控；从加工厂追溯到家禽养殖场	记录能详细说明所要求的参数。全部适用	1级
3	规定死亡率、群体生产性能和跗关节受伤发生率的最低限度。如果超过最低限度，应能够立刻告知主管兽医	有超过最低限度的记录，且要有兽医的证明。全部适用	2级
4	如果每日的死亡率有大的波动（超过0.5%），应对死亡率增加的原因进行调查	如果每天的死亡率波动超过0.5%，需要彻底调查原因并记录。全部适用	2级
5	应按照主管兽医处方和认可的治疗程序用药（饲料中添加的药物应按照饲料配方要求实施）	记录能显示每个医疗方案都来自于有资格的兽医。全部适用	1级
6	家禽养殖场发生疫病或疑似传染病时，应根据疾病性质按照有关规定采取措施并向有关部门报告	感官评估。有相关记录，员工和兽医应掌握相应的规定要求。全部适用	1级
7	病死家禽应按照GB 16548（畜禽病害肉尸及其产品无害化处理规范）进行无害化处理	有病死家禽的处理设施，兽医和员工须知相应的规定要求。感官评估。全部适用	1级

【条文解释】

(1) 可感染家禽寄生虫病的寄生虫种类很多，有的也发生合并性感染。因此，在用药以前，可通过其粪便和各种症状进行确诊后，根据感染寄生虫的种类选择驱虫药物，切不可盲目用药。

(2) 在发生重大动物疫病疫情时，应及时、迅速、高效、有序地进行应急处理，同时要向上级主管部门进行汇报，以便尽快地加以控制和扑灭。

(3) 家禽的日常生产记录要尽量详细，对鸡舍的环境温湿度、家禽数量的变化、产品生产的数量要有详细的记录。

(4) 药物的使用应遵照《兽药管理条例》、农业部 168 号公告《饲料药物添加剂使用规范》、176 号公告《禁止在饲料和动物饮用水中使用的药物品种目录》、193 号公告《食品动物禁用的兽药及其化合物清单》及 220 号公告《〈饲料药物添加剂使用规范〉公告的补充说明》。

【建议记录】

(1) 驱虫记录。

(2) 日常管理记录。

(3) 疫病或疑似传染病报告。

(4) 病死家禽处理记录。

(5) 死亡率和死亡原因记录。

(6) 群体生产性能和跗关节受伤发生率记录。

(7) 兽医处方和治疗用药记录及用药管理记录。

(8) 参加和通报法律要求的疾病记录。

(9) 死禽处理记录。

第四节 养殖的管理

一、人员管理

序号	控制点	符合性要求	等级
1	家禽养殖场要有足够数量达到规定要求的员工。无论是专职或兼职，员工的经验、资质、培训经历都应有相应的记录	感官评估。有员工的经验、资质和培训经历记录，评估员工的工作能力。全部适用	1 级
2	员工不应从场外携带其他动物进入场区	感官评估。员工须知相关的规定。全部适用	1 级

（续表）

序号	控制点	符合性要求	等级
3	养殖场员工应定期进行体检，取得健康合格证后方可上岗	感官评估。员工有体检健康证书。全部适用	1 级
4	员工应掌握应急预案。掌握可能发生对人体健康、食品安全、家禽健康及福利造成意外事故的处理程序，包括饲料和水供给不足的处理方法	感官评估。员工须知紧急事件的处理程序，能够保证肉禽在 24h 内有充足的饲料和饮水供应。若无应急预案，则不适用	2 级
5	员工知道药品的安全使用；家禽的处理和养殖；家禽的健康和福利（包括对疾病和异常行为的识别）	感官评估。有内部或外部的培训记录。全部适用	1 级
6	员工应能根据每日的情况，对家禽进行跛行情况检查	有检查记录。全部适用	2 级
7	配备有自动化设备的家禽养殖场员工应做到：能操作这些设备；对设备进行日常的保养和维护；识别一般的故障	检查员工对设备的操作情况和培训记录。没有自动化设备的情况不适用	2 级
8	家禽养殖场的管理员工和负责食品安全、动物福利和产品卫生方面的员工应明确其职责。记录中应有责任人的签名	有责任人的签名记录。全部适用	1 级
9	家禽养殖场兽医不对外出诊，配种员不对外开展配种工作。押运员完成押运任务后，需要经过 72h 后才允许进入家禽养殖场生产区	感官评估。现场询问兽医、配种员和押运员，以上人员须知相应的规定要求。全部适用	1 级

【条文解释】

（1）员工是家禽养殖场的中坚力量，需要有一定的文化水平和基本素质，懂得基本的生产知识。养殖场有义务对员工进行培训。对专业技术要求程度较高的岗位，人员实行持证上岗，熟练掌握设备的操作。

（2）对员工进行管理应注意：①制定的管理措施要有利于员工和家禽的健康；②应掌握相应的应急预案，针对紧急事故制定相应的预防措施。

（3）通过对员工进行培训，使员工的知识、技能得到明显提高与改善，由此提高企业效益，获得竞争优势。

【建议记录】

(1) 员工每日进出场记录。

(2) 紧急事故处理记录。

(3) 体检记录。

(4) 应有员工的经验、资质和培训经历记录。

二、档案管理

序号	控制点	符合性要求	等级
1	来自非健康养殖认证养殖场的家禽应在指定养殖场隔离饲养一段时间后才可以进行健康养殖认证	感官评估	1 级
2	每批家禽的来源去向、遗传系谱、饲料消耗、出场编号、发病率、死亡率、病死原因、无害化处理、实验室检查结果等所有记录资料应在清群后至少保存 2 年	感官评估。有相关记录。全部适用	2 级
3	具有配合饲料及其原料供应商的有关记录档案（例如发票），并保存 2 年	感官评估。有相关记录。记录包括饲料的类型、数量、进货日期和开包日期。全部适用	1 级

【条文解释】

家禽养殖场的档案管理，尤其是商品家禽养殖场，各场编号方式不同。这样家禽在不同牧场之间转群，运输和买卖的时候存在诸多的不便，因此检查员应根据不同的生产情况了解相应的管理措施。家禽的系谱资料对于育种、选种选配、避免近交发挥着重要的作用。目前我国农业部正在试图建立全国性的统一编号体系。

【建议记录】

(1) 所有进场家禽（包括经认证家禽）日期、数量、来源地等档案记录。

(2) 配合饲料及其原料供应商有关记录档案（例如发票）。

序号	控制点	符合性要求	等级
4	按照家禽编号建立病历卡	感官评估。有相关记录。病历卡内容包括发病日期、主要症状、用药治疗情况、转归情况。病历卡或尸检报告由兽医统一填写、保管。全部适用	1级
5	对淘汰或病死家禽，应有其病情、治疗情况、尸检报告、鉴定意见的记录	感官评估。有相关记录。全部适用	1级
6	应有药物购买和管理记录	感官评估。有药物购买和管理记录。记录的内容包括：购买日期、产品名称、数量、批号、有效期、生产厂家、储藏条件等，要求药品管理者签名确认。全部适用	1级
7	建立饲养管理日志和兽医工作记录	感官评估。应有相关记录。详实填写引种繁殖、孵化状况、转群饲养、饲料来源、兽药疫苗、用药用料、免疫消毒、疾病诊治、解剖送检、病死处理等情况，由专人签字确认，至少保存3年。全部适用	2级
8	家禽养殖场定期进行消毒并保存相关记录	相关记录。全部适用	2级
9	有家禽预防或治疗用药记录	感官评估。有相关记录。记录内容包括编号、发病时间及症状、药品名称及有效成分、给药途径、给药剂量、治疗时间等，至少保存3年。全部适用	2级

【条文解释】

以上内容主要涉及牧场的兽医记录方面的内容，主要包括以下几个方面（如兽药、疫苗、肉禽的健康、死亡状况）。以上记录既便于指导生产，也能严格保证动物产品的安全。记录的保存年限应根据不同家禽的品种、生产用途来确定。

【建议记录】

（1）建立病历卡的记录。

（2）淘汰或病死家禽的处理记录。

(3) 药物购买和管理记录。

(4) 饲养管理日志和兽医工作记录。

(5) 家禽养殖场内养犬定期驱虫的记录。

(6) 家禽预防或治疗用药记录。

三、配送和装运

(一) 装运

序号	控制点	符合性要求	等级
1	家禽应在安静、清洁、可以得到休息的状态下被运送到屠宰场	观察员工的实际操作。全部适用	2级
2	参加捕捉、运送及装卸家禽的员工应经过培训，并有书面的职责规定	有书面的职责规定和培训记录。有指定的监管人员的记录。全部适用	2级
3	应有管理者或员工负责出栏装运，并确保禽群适于运输	按控制点中说明的执行。全部适用	2级
4	屠宰场应评定捕捉造成伤害的程度，伤害程度异常高时，应通知监管人员	有伤残记录和通知监管人员的证明。全部适用	2级
5	家禽装车屠宰前，至少禁食12h，禁水1h	员工能阐述须知内容。全部适用	2级
6	应采取正确的方式抓提家禽	感官评估。全部适用	2级
7	捕捉时应调整灯光亮度，降低家禽的应激反应。参加捕捉的员工应知道捕捉规定	员工能阐述须知内容。全部适用。不适用于由装运公司进行捕捉的情况	2级
8	不适宜运输的家禽或死禽不应被启运	按控制点中说明的执行。全部适用	2级
9	应为家禽或禽蛋提供排水良好的装卸区域。该装卸区域应保持清洁、整齐、卫生良好	按控制点中说明的执行。全部适用	2级
10	运输时，不同品种、不同性别的家禽应分开	原雌雄同群除外。保持记录，感官评估	1级

【条文解释】

装运家禽对家禽的应激较大，要求员工正确掌握抓提鸡的方式，防止抓伤家禽或致死，选择适当的时间（如晚上）来装运，避免路上塞车或风吹日晒。家禽的视力比较弱，调暗灯光会使家禽保持安静。嗉囊有食物的家禽抓运过程中容易死亡，而且会在运输工具上排泄大量的粪便，不卫生。装卸区应保持干燥，防止装卸家禽或禽蛋时人滑倒或不利于工作。

【建议记录】

（1）员工培训记录。

（2）家禽装卸监管人员记录。

（3）动物伤残记录。

（二）配送

序号	控制点	符合性要求	等级
1	蛋和雏禽的配送应有专用的运输工具，该运输工具应安装风扇、加热系统、温度记录系统和数据读出系统及装卸锁定系统，并且易于清洗。该运输工具应装有应急通讯设施	按控制点中说明的执行。全部适用	3 级
2	配送设备应按规定进行清洗和消毒。在装货和出门时应进行清洗消毒	有运送设备清洗消毒记录。全部适用	2 级
3	装载区卫生应符合卫生管理要求，排水良好	按控制点中说明的执行。全部适用	3 级

【条文解释】

（1）种蛋受颠簸、雨淋、高温、受冻等都会影响孵化率，需要用专门的包装，运输过程中也要快速，寒冷和炎热季节注意保温和通风。

（2）雏鸡抗寒能力低，冬季容易受冻，运输车辆应有保温措施，同时要防止闷死鸡的现象。运输工具要消毒，防止病菌污染。

【建议记录】

（1）种蛋和雏禽的配送、运输记录。

（2）运送设备清理记录。

四、动物福利

序号	控制点	符合性要求	等级
1	应禁止强制换羽	按控制点中说明的执行	3 级
2	应善待和爱护雏禽，并进行书面的福利评估	有书面的福利要求，每年要进行复核。全部适用	2 级
3	自动设备和传送带应不会对禽造成伤害	感官评估。全部适用	2 级

（续表）

序号	控制点	符合性要求	等级
4	雏禽应被放置在洁净的出雏箱内。每次用过的出雏箱应进行清洗、干燥和消毒	感官评估。应有书面记录。全部适用	1 级
5	每只肉禽具有自由活动空间。环境适宜	感官评估。全部适用	2 级
6	温度和光照控制适当。自由饮水	有温度、光照及饮水的控制记录。全部适用	2 级
7	禽舍空气质量达到生态环境	空气质量检测记录	2 级

【条文解释】

肉禽的福利是健康成长的保证。防止意外伤亡和病菌感染。环境消毒、人员消毒、禽舍消毒、用具消毒及禽体严格消毒，能给肉禽提供良好的生存空间。

【建议记录】

（1）书面的福利评估记录。

（2）消毒记录。

（3）温度和光照的控制记录。

（4）肉禽生态环境定期检测记录。

第七章　蛋禽健康养殖控制点与符合性规范及释义

第一节　蛋禽的舍内饲养

一、场址、设施和设备

序号	控制点	符合性要求	等级
1	蛋禽养殖场的选址和规划	感官评估，查看养殖场区位图、平面布局图、水质分析报告、土地使用证明	1级

【条文解释】

畜禽养殖场应建在地势平坦、干燥、交通方便、背风向阳、排水良好的地方。场地水质良好、水源充足，无有害气体、烟雾、灰尘及其他污染。

【建议记录】

（1）水质符合 GB 5784 的记录。

（2）养殖场选址的风险评估报告。

（3）养殖场平面布局图。

（4）周围环境参照系统。

序号	控制点	符合性要求	等级
2	禽舍内的温度、湿度	感官评估执行情况，实地进行禽舍空气质量监测	1级

【条文解释】

应满足蛋禽不同阶段的需要，以降低发病率。禽舍内有毒有害气体含量应符合畜禽场环境质量标准。空气中灰尘控制在 4mg/m³ 以下，微生物数量应控制在 21 万/m³ 以下。温度超过 30℃会影响成年鸡的生产性能，37.5℃时，产蛋量急剧下降。温度达到 43℃超过 3h，鸡就会死亡。雏鸡前 3 周环境温度要保持在 28～35℃。高湿会加大高温或低温的影响程度，湿度过低则会造成禽舍内悬浮颗粒物增加。有害气体会对人、蛋禽的健康产生不良影响，或使人感到不适，影响工作效率。在禽舍内，产生数量最多、危害最大的有害气体主要有：二氧化碳、氨气、硫化氢等。空气中的尘埃是病原体的载体，因此要严格控制。

【建议记录】

温度湿度的监控记录。

序号	控制点	符合性要求	等级
3	养殖场净道和污道	感官评估，饲养场的净道与污道要分开、粪便等废弃物要实施处理。全部适用	1 级
4	在新建和改建禽舍时应听取专家的建议	有专家的建议和记录。无新设施不适用	3 级

【条文解释】

蛋禽养殖场周围要设绿化隔离带。至少每栋禽舍饲养同批次同日龄蛋禽。蛋禽养殖场生产区、生活区分开，雏禽、成年禽分开饲养。禽舍应有防护设施。禽舍地面和墙壁应便于清洗，并能耐酸、碱等消毒药液清洗消毒。

（1）雏禽对疾病的抵抗力比成年蛋禽差，成年家禽免疫后排毒会造成雏禽感染，因此雏禽和成年禽应分区饲养，雏禽在上风处。

（2）净道主要是人员行走、饲料和产品运输的通道，污道是粪便、污水运输的通道，两者不能交叉，防止污染。

（3）畜禽养殖场应有废弃物处理和销毁设施，排泄物应定期从禽舍和饲养设施中运走。可根据当地实际情况采取综合利用措施（如微生物发酵或沼气发酵）。畜禽排泄物应有足够的空间消纳。遵循先处理后消纳的原则。

序号	控制点	符合性要求	等级
5	禽舍的建筑	感官评估	1 级

【条文解释】

禽舍应达到以下要求：①屋顶和天花板用防水材料制成，处于良好状态且容易清洗；②地面排水良好、安全舒适和卫生；③墙壁建筑材料应坚固、防水、防风、防虫并便于消毒；④房屋绝缘且高度适宜。在炎热的季节，禽舍要安装纱窗、纱门，并有防鼠装置。禽舍入口处应设有缓冲间以免冬季的寒风进入。禽舍的清洗消毒是经常进行的程序，因此内饰材料必须防水。为防止野鸟带入野毒，禽舍要有防护网，还要有温控及通风措施。确保所有圈舍、通道、围栏无可造成畜禽伤害的尖锐突出物，墙角、破损的铁栏或机器应不会伤害畜禽。

序号	控制点	符合性要求	等级
6	关于福利的要求	禽舍内有关键控制点的标志，每年进行检查。全部适用	2 级

【条文解释】

蛋禽福利的日的是给蛋禽提供舒适的条件，使蛋禽能健康生活，有利于生产性能的发挥，为人们提供更多的禽产品。蛋禽的福利主要体现在足够的生活（运动、采食、饮水、休息、交配、生产等）空间和场地，环境温湿度适宜，空气洁净，提供足量的优质饲料和医疗保健措施。禽舍中应进行标记，生产者和主管兽医应对所有禽舍定期检查。在禽舍内应明示以下内容：①可用的地面活动范围；②最大饲养密度；③饲养量；④温度控制；⑤饲料类型和料库类型；⑥光照制度。

【建议记录】

对饲养密度、温度、光照、关键控制点的标识等进行检查的记录。

二、饲养密度

序号	控制点	符合性要求	等级
1	禽舍应有充足的空间，使员工可以自由进入检查和转移患病蛋禽	感官评估。全部适用	2 级
2	禽舍应有充足的空间以使蛋禽能自由活动：①有活动的自由；②能正常的站立；③能转动；④能伸展翅膀；⑤栖息自如；⑥蹲下时不会碰到其他蛋禽	感官评估。全部适用	1 级
3	在整个饲养周期内应能保证最大饲养密度适合肉鸡生长需要，一般地面平养不超过 8 只/m^2；网上平养不超过 10 只/m^2	有存栏量记录。全部适用	1 级

【条文解释】

不同品种、不同类型甚至不同阶段的蛋禽对饲养密度的要求并不相同，总体说来以满足蛋禽生长需要和健康为基本原则。至少通过人的观察不能发现蛋禽出现明显的拥挤，长期饲养在高密度环境下的蛋禽容易发生啄癖。

【建议记录】

禽舍有效面积及存栏量记录。

序号	控制点	符合性要求	等级
4	种禽最大饲养密度应适合品种相关标准	有存栏量记录。全部适用	1 级
5	后备母鸡最大饲养密度应符合相关标准	有存栏量记录。全部适用	1 级
6	记录应能显示符合最大饲养密度和生长速度的要求。对生长速度超过最大饲养密度要求的禽舍，蛋禽养殖场应采取适当的预防措施	有生长后期最大饲养密度的监控记录。全部适用	2 级

【条文解释】

笼养鸡和平养鸡的饲养密度不同，蛋鸡笼养每只鸡需要480cm^{2}的笼底面积，平养每只鸡至少需要800cm^{2}的地面面积。种鸡和商品鸡也不相同，雏鸡、育成鸡和成年鸡也不相同，一般与体重和体型有关系。

【建议记录】

（1）禽舍有效面积及存栏量记录。

（2）生长后期最大饲养密度的监控记录。

三、通风和温度控制

序号	控制点	符合性要求	等级
1	蛋禽养殖场应有书面的有效通风执行计划，此计划能够说明空气质量参数、通风量和通风频率	有实施的书面计划。计算机控制系统通过演示可以作为可接受的证据。无机械通风的不适用	2级
2	禽舍的温度和通风量应适合设施、蛋禽日龄、体重和生理要求	感官评估，员工能阐述须知内容。全部适用	1级
3	通风系统的设计应使空气污染物控制在国家权威机构推荐的水平以下	有测试结果记录	3级
4	舍内空气质量应受控，以确保空气污染程度不引起人员明显不适	在空气污染不可接受的地方，应有空气污染控制的行动计划。不存在空气质量问题的地方不适用	2级
5	自动通风换气的禽舍，温度调节应控制在±3℃以内	有每天的温度记录	2级

【条文解释】

通风的目的一方面是气体交换，可以将污浊的空气、水气、有害气体和尘埃排出，同时补充新鲜空气。不同年龄阶段、不同季节蛋禽对通风量的要求是不同的。雏禽最初阶段对舍温要求较高，通风量不宜太大。在高温季节，通风可起到降温的作用。

【建议记录】

（1）空气质量参数、通风量和通风频率的监测记录。

（2）每日温度记录。

序号	控制点	符合性要求	等级
6	夏季，员工应采取措施预防蛋禽热应激。可以采取的措施有降低饲养密度、增加通风量或洒水降温	有每天的温度记录	2 级
7	寒冷地区，蛋禽养殖场应有取暖和换气设备	有每天的温度记录和通风换气记录	2 级
8	每栋禽舍应有在冷热应激时实施温度调控的措施	有书面规定，全部适用	2 级

【条文解释】

夏季高温是造成蛋禽生产性能下降甚至死亡的重要因素。加大通风量是夏季降温的主要手段，风机湿帘降温系统在高温低湿的情况下效果明显，但是在高湿的情况下效果不明显。冬季禽舍要进行保温，也要协调通风和保温的平衡，避免强调保温而造成有害气体的聚集和强调通风造成的冷应激。

【建议记录】

应激时实施温度调控的记录。

序号	控制点	符合性要求	等级
11	蛋禽养殖场应有天气预报记录，以制定针对温度急剧变化的计划	有天气预报记录和所采取措施的记录	3 级
12	有自动通风装置的禽舍内，应测量每天的温度，并做好记录	有每天的温度记录。全部适用	1 级
13	禽舍的氨气、二氧化碳、硫化氢浓度应定期进行监测。应控制在畜禽场环境质量标准要求的范围内	有氨气、二氧化碳、硫化氢浓度监测记录。全部适用	3 级

【条文解释】

鸡舍内的有害气体包括粪尿分解产生的氨气和硫化氢、鸡呼吸或物体燃烧产生的二氧化碳、以及垫料发酵产生的甲烷，另外用煤炉加热燃烧不完全还会产生一氧化碳。这些气体对蛋禽的健康和生产性能均有负面影响，而且有害气体浓度的增加会降低氧气的相对含量。因此，禽舍内各种气体的浓度应控制在可接受范围内。

【建议记录】

（1）天气预报记录和温度急剧变化时所采取措施的记录。

（2）氨气、二氧化碳、硫化氢浓度监测记录。

四、光照

序号	控制点	符合性要求	等级
1	在人工光照下饲养的蛋禽，每24h至少应有6h的黑暗时间	按控制点中说明的执行。自然光照下饲养的蛋禽则不适用	1级
2	同一禽舍里的光照强度应一致	感官评估。全部适用	2级
3	应有禽舍光照方式的记录，这些方式应经畜牧专家确认	有光照水平经畜牧专家确认的记录。全部适用	3级
4	人工光照时，禽舍应保持适宜的光照强度（种鸡10lx）	有光照记录。自然光照不适用	2级
5	应为员工提供正常工作的光照强度	感官评估。自然光照不适用	3级
6	应制定最低的光照强度以减少蛋禽的异常行为	有最低光照强度指标。光照不改变的地方则不适用	2级
7	高于最低水平的光照强度应有利于改善蛋禽的福利和活动，因此推荐高水平的光照	感官评估	3级

【条文解释】

光照不仅使蛋禽能看到饮水和饲料，促进蛋禽的生长发育，而且对蛋禽的繁殖有决定性的刺激作用，即对蛋禽的性成熟、排卵和产蛋均有影响。不同品种、不同阶段的蛋禽对光照时间、光照强度的要求不同。雏禽为适应环境前3天需要的光照时间要长一些。光照强度要根据蛋禽的视觉和生理需要而定。光照太强不仅浪费电能，而且蛋禽易惊群，活动量大，消耗能量，易发生斗殴和啄癖。光照过弱，影响采食和饮水，起不到刺激作用，影响生产性能。

【建议记录】

（1）光照水平经兽医专家确认的记录。

（2）光照记录。

五、垫料

序号	控制点	符合性要求	等级
1	蛋禽（笼养种鸡除外）应生活在干燥的垫料上，应有排水良好的生活区域	垫料应干燥且松散，不用垫料的地方或笼养种鸡则不适用	1 级
2	垫料应符合以下要求：①适宜的材料和颗粒大小；②干燥松散；③足够厚度（最小 2cm）；④每天要添加足够垫料，必要时更换新的垫料	按控制点中说明的执行。不用垫料的地方则不适用	1 级
3	使用过的垫料应及时清除并妥善处理。禽舍的清理记录应妥善保管	有处理记录。不适用于不用垫料的禽舍	1 级
4	垫料应来自合格的供应商，或来自自己农场的秸秆、稻草、木屑	所有垫料应安全卫生。有垫料供应商的资质证明，或垫料供应商的卫生合格证明。不用垫料的地方不适用	3 级
5	如果垫料回收后再利用，应经处理并评估有无有害微生物污染的风险	能够证明回收再利用的垫料无有害微生物污染风险。不使用回收垫料的地方不适用	1 级

【条文解释】

对地面平养蛋禽来说，垫料是非常重要的易耗材料。要求柔软、吸水力好，不能受到过污染，能耐受紫外、熏蒸、化学和生物药剂处理，且容易获得，以保证蛋禽健康生长。还要注意对垫料的日常管理，如：对垫料进行沙门氏菌和球虫控制，有利于保证蛋禽健康和食品安全。垫料废弃物应当进行无害化处理，确保周围环境的生物安全。如果垫料回收后再利用，应经处理并评估有无有害微生物污染的风险。

【建议记录】

（1）垫料使用和处理记录。

（2）垫料供应商的资质证明或卫生合格证明。

（3）垫料回收再利用的处理记录。

第二节　蛋禽的室外饲养

一、蛋禽的室外饲养（如无室外饲养则不适用）

序号	控制点	符合性要求	等级
1	在室外饲养方式下，蛋禽养殖场的饲养密度、存栏量、饲料成分应符合产品消费地蛋禽法律法规的规定	符合产品消费地自由饲养方式的相关法律法规	2级
2	室外饲养应遵守以下规定：①依据每栋禽舍的特点制定合理的管理方法以防偷捕；②主要区域应覆盖植被	根据实际生产需要	2级
3	应有可供蛋禽休息的、排水良好的区域	根据实际生产需要	2级
4	室外饲养的蛋禽应有足够的进出禽舍的通道，并适当分布在禽舍周围，以确保蛋禽能正常进出禽舍	禽舍通道有适宜的长度	2级
5	在室外饲养的情况下，如果自然光照不足，应设法为蛋禽提供每天至少8h的光照。所有的进出禽舍的通道应敞开，除非天气状况不允许	根据实际生产需要	2级
6	夏季室外饲养时，应提供蛋禽避阴区域，避免热应激	避阴区能为禽群的10%提供避阴。书面计算符合要求	2级
7	室外饲养应有适当的保护设施，以免受肉食动物的伤害	有防护电栅栏等类似设施。全部适用	2级

【条文解释】

鸭、鹅室外放养的比例很大，近些年有些地区开展高产蛋鸡林地、山地放养，满足不同消费群体对不同档次食品的需求。在进行放养时要考虑蛋禽对环境的影响，避免造成对环境的破坏，实行轮放制度。放养蛋禽虽然在野外能够获取一些食物，要保证其生产性能的发挥，应当采取补料、补光等措施，为蛋禽提供足够的休息、挡风避雨和遮阳场所。提供种禽或蛋禽适宜的产蛋环境，确保种蛋或鲜蛋的品质。室外蛋禽养殖场的饲养密度、存栏量、饲料成分、屠宰的最小日龄应符合产品消费地蛋禽的法律法规的规定。

【建议记录】

室外饲养记录，包括：室外饲养条件、饲养密度、存栏量、饲料成分、光照、降温防寒措施。

二、蛋禽的来源

序号	控制点	符合性要求	等级
1	应能对所有进入蛋禽养殖场的蛋禽追溯其来源，以区别其他的蛋禽养殖场。应有关于蛋禽进出蛋禽养殖场的日期以及运输人员的记录	有运输记录及相关证明。全部适用	1级
2	在进蛋禽时，蛋禽养殖场应索要有关供应商随附的检疫证、消毒证和非疫区证明	有供应商随附的检疫证、消毒证和非疫区证明。全部适用	1级
3	除以上要求外，对进入蛋禽养殖场的每批蛋禽按照其运输的时间，进行逐笼检查。检查内容应包括蛋禽品种类型、用途。应区别于其他种群，拥有高健康水平的新种群	有相关记录。感官评估	1级

【条文解释】

该条款目的是保障所购买蛋禽质量的可靠性，避免购买假冒伪劣品种。同时，通过对蛋禽来源的监控避免从疫区来的蛋禽。

【建议记录】

（1）蛋禽的来源和运输记录，包括：蛋禽品种类型、数量、繁殖用途、进出养殖场的日期、运输人员。

（2）区别不同种群的标识记录。

（3）种禽来自国家批准的种禽养殖场的证明及相关记录。

（4）畜牧兽医部门出具的引入蛋禽的检疫证、消毒证和非疫区证明。

三、饲养和供水设备

序号	控制点	符合性要求	等级
1	应给蛋禽提供自由采食的充足空间，避免过度争抢。尤其要给蛋禽提供能满足它们营养需要并能保持健康的饲料	参照畜禽基础控制点与符合性规范	1级
2	应有充足的饮水点和水流量，满足其饮水需要	根据厂家推荐的水压和水流量，饮水点间隔至少20cm，如果采用笼养，给料槽中至少有2个饮水点。全部适用	1级

【条文解释】

要求给蛋禽提供足够的喂料和饮水设备空间，使所有的蛋禽都能同时吃到饲料、喝到清洁的饮水，保证蛋禽的均匀度，防止争抢食物。

【建议记录】

每批蛋禽的饲槽、饮水设备放置记录。

序号	控制点	符合性要求	等级
3	饮水器的设计和安装应保证溢到垫料上的水量最小	有最小溢流量的证明记录。全部适用	2级
4	饲槽和饮水设施的设计和使用应满足饲养的需要	在检查这些设施时，应考虑下列影响饲养空间和饮水点的因素：①饲槽和饮水器的设计；②每天无光照的持续时间；③饲养模式；④垫料管理上的影响；⑤检查舒适度的影响；⑥厂商的推荐要求	3级
5	饲槽和饮水器应安装	能让所有蛋禽都易于接近并能增加其活动。全部适用	1级

【条文解释】

喂料设备和饮水设备以及产蛋设备必须安放合理，使蛋禽能够比较容易地吃到饲料和饮到水。

【建议记录】

饮水器最小溢流量的证明记录。

序号	控制点	符合性要求	等级
6	蛋禽养殖场所用的饮水如不是自来水，应能证明饮水符合卫生要求、适于饮用和对蛋禽的健康及其产品的安全不会带来任何风险	每年至少按国家生活饮用水卫生标准进行一次水质检测。全部适用	1 级
7	供应的水应达到 GB 5749 要求	有水质检测记录	2 级
8	应每天持续供给蛋禽充分清洁、新鲜的饮水。储水罐和输水管应清洁	感官评估。检查储水罐和输水管的清洁记录。全部适用	1 级
9	所有饮水系统都应安装水表以记录每天的用水量。如果正常的饮水方式被打破，应采取纠正措施	有每天用水量记录和纠偏行动的证据。全部适用	3 级
10	源头储水罐应加盖，并进行卫生监控	有常规的清洗记录。全部适用	1 级

【条文解释】

水是动物重要的营养素，水的理化指标要符合有关标准，污染水和重金属含量超标的水，不能给蛋禽饮用。对水容器要定期清洗消毒，防止微生物的孳生。饮水设备保证能够满足蛋禽的饮水，使用乳头饮水器时要检查乳头是否漏水和出水速度。

序号	控制点	符合性要求	等级
11	应保存有饲料配方和饲料样品	蛋禽养殖场或饲料厂使用的饲料样品从雏鸡配送起要保留 3 个月	3 级

【条文解释】

饲料为蛋禽提供基本营养素，一旦某些成分缺乏或不平衡，或一些药物超量添加，或存在毒素等问题时，就会影响蛋禽健康和生产性能。此目的是一旦出现这种异常情况，饲养者可以容易查清原因。

【建议记录】

(1) 蛋禽自由采食的充足空间记录。

(2) 饮水器最小溢流量的证明记录。

(3) 养殖场所用的饮水水质（检测）记录。

(4) 每天用水量记录和纠偏行动的证据。

(5) 储水罐和输水管清洁记录。

(6) 源头储水罐卫生控制和清洗记录。

(7) 饲料配方和饲料留样记录。

(8) 饲料原料及饲料产品采购来源、质量、标签及可追溯性记录。

(9) 饲料添加剂及允许添加的兽药制成药物饲料添加剂的使用记录。

四、机械设备

序号	控制点	符合性要求	等级
1	员工或其他有资格的人应定期全面检查所有自动设备，以保证设备的正常运转。自动设备包括自动的或机械的设备。如果发现自动设备有故障应立即排除。如果不能立即排除，应采取保护蛋禽免受不必要的痛苦和伤害的措施，直到故障被排除	有设备检查记录、故障的排除或采取其他适宜措施的证据。无自动设备的地方不适用	2级
2	有自动设备的地方应安装通风设施，设施应包括：①警报器（在断电时仍能正常工作）；②备用的通风设备。以上提到的报警设施，员工或其他有资格的人应定期检查，以确保设备完好。如果在检查时发现故障应立即排除	有定期检查记录和出现故障时的应急措施。无自动设备的地方不适用	2级
3	应每天检查报警系统并做好检查记录	有每日检查记录。无报警系统的地方不适用	2级
4	蛋禽养殖场应有控制禽舍设备失灵时的报警装置	按控制点中说明的执行。不受控的环境不适用	1级

【条文解释】

现代蛋禽生产中，自动化程度越高，对设备的需求越高，如自动加料设备、自动集蛋设备、自动清粪设备的运用，大大减轻了人的劳动强度，一旦设备出现故障，就会影响蛋禽的正常生产，需要定期检查设备的完好程度。

【建议记录】

(1) 机械设备检查记录。

(2) 通风系统。

(3) 报警系统检查记录。

五、蛋禽的健康

(一) 蛋禽的用药

序号	控制点	符合性要求	等级
1	接受药物治疗的蛋禽应能够被清楚的辨认	根据饲养管理记录和药物记录，提供给买方一个用药记录的副本。全部适用	1 级

【条文解释】

蛋用禽是不能饲喂含药物的饲料的。已经接受药物治疗或采食的饲料中添加过预防性药物的蛋禽，经过了规定的休药期，动物体内的药物可以代谢分解掉，不会对人体健康造成危害。

【建议记录】

(1) 未屠宰蛋禽的饲养管理。

(2) 药物使用记录。

(二) 蛋禽健康计划

序号	控制点	符合性要求	等级
1	兽医专家应根据蛋禽养殖场的类型确定检查频率	有兽医专家检查记录，频率为：仔鸡每个饲养周期 2 次；种禽每周期 1 次。全部适用	1 级

（续表）

序号	控制点	符合性要求	等级
2	健康或福利问题应在蛋禽健康计划中得到体现	蛋禽健康计划包括以下内容：通过媒介传播可能影响食品安全的卫生问题；异常行为（例如啄食羽毛或同类相食）；外部和内部的寄生虫感染。全部适用	1级

【条文解释】

蛋禽的发病情况和其健康程度有直接关系，种鸡场通过白痢、白血病、霉形体等卵传疾病的净化可以减少相关疾病的发生。对于群体中弱小、精神萎靡或残疾的蛋禽要挑出来淘汰或单独饲养。

序号	控制点	符合性要求	等级
3	蛋禽养殖场发现蛋禽一类传染病或疑似一类传染病时，应立即向主管部门报告	蛋禽养殖场有关于疫情报告方面的应急预案	1级

【条文解释】

为防止传染病的流行，蛋禽养殖场应当严格按照防疫程序进行免疫、用药，这些措施必须制度化，避免漏免或重复免疫。

发现高致病性禽流感等一类传染病应及时向有关部门报告，采取紧急措施，避免疫病扩散。

【建议记录】

兽医专家对兽医健康计划的检查记录，包括：

（1）异常行为、外部和内部寄生虫感染、媒介传播对安全影响的记录。

（2）健康计划有关的健康参数记录。

（3）死亡率和死亡原因记录。

（4）群体生产性能和跗关节受伤发生率记录。

（5）兽医处方和治疗用药记录及用药管理记录。

（6）治疗中发生断针的标识和记录。

（7）环境受控禽舍的温度和空气污染物记录。

（8）改善环境和设施的方案和记录。

(9) 参加和通报法律要求的疾病记录。

(10) 死禽处理记录。

六、卫生和害虫的控制

序号	控制点	符合性要求	等级
1	应有禽舍、用具、水箱和饲料仓库的清洗消毒程序。消毒剂的类型和稀释度应有规定。消毒用的设备使用前后也应被彻底清洗消毒。这些程序应有效可行	有每栋禽舍的详细清洗消毒记录，记录要反映清洗效果。全部适用	1 级

【条文解释】

禽场彻底消毒是下批蛋禽健康的保证，保证使整个蛋禽场各个角落都能彻底消毒，有必要施行全进全出制度。

序号	控制点	符合性要求	等级
2	禁止猫、狗或其他宠物进入禽舍	感官评估。全部适用	1 级
3	员工不应私自饲养或接触其他禽类和鸟类	证明员工没有私自饲养蛋禽。全部适用	2 级
4	蛋禽养殖场应有书面的规章制度控制来宾、车辆和原材料进入，应包括：①来宾的防护服和鞋靴；②来宾、进入蛋禽养殖场的车辆和原材料的记录；③消毒剂的供应和其他防疫措施的规定；④禁入区和危险区的标识；⑤蛋禽进入蛋禽养殖场的隔离观察天数；⑥进入蛋禽养殖场的人员、运输工具和设备、饲料、垫料和其他供应材料的风险分析；⑦蛋禽离开蛋禽养殖场时的卫生处理	有书面的规章制度。全部适用	1 级
5	入场检查	感官评估。有关于来宾、车辆和原材料的记录。有防护服、危险区和禁入区的标识	1 级

【条文解释】

动物会携带疾病，尤其是一些没有经过免疫的禽类很容易传播疾病，因此除了要求进出场人员更衣、洗澡、消毒外，应禁止饲养禽类。对于来访的人员，也应当限制在办公区或生活区，一般不能进入生产区。车辆是必须进入生产区的工具，很容易通过泥土携带病原体，因此必须经过清洗消毒才能放行。

序号	控制点	符合性要求	等级
6	蛋禽养殖场应有更衣、消毒设施和消毒剂。进出禽舍的员工和来宾应洗手和消毒。员工接触过死禽、进餐前后、如厕后应洗手	洗手设施的安放应合理，应有员工和来宾的洗手操作程序。全部适用	1级
7	员工进入蛋禽养殖场，应进行鞋靴消毒。消毒剂应合格有效	感官评估。有鞋靴消毒隔离设施。有证据显示消毒剂是经国家主管当局批准的。不鼓励鞋底浸蘸。全部适用	2级
8	蛋禽养殖场的车辆应保持清洁。进出蛋禽养殖场时，车辆应消毒	车辆现场清洗和进出车辆的消毒。全部适用	3级
9	有禽或蛋的区域应禁止吸烟，指定吸烟区除外	标识出指定吸烟区。全部适用	1级
10	蛋禽养殖场应有虫鼠害控制措施和记录	有虫害监控计划和执行记录。当发现有虫鼠害时要执行监控计划。发现虫害，能够提供其控制室内虫鼠害措施的证明。不适用于农场宽阔并且无建筑物的情况	1级

【条文解释】

完善的防疫制度是杜绝传染病的有效措施，很多传染病是通过人员、老鼠、昆虫、飞鸟、车辆传播的。只有严格按照消毒防疫程序，切断传播途径，才能有效控制传染病。

【建议记录】

（1）每批进场和最后一批出场蛋禽的记录。

（2）禽舍彻底清洗消毒的详细记录。

（3）车辆和原材料记录。

（4）场虫鼠害监控计划执行记录。

七、残留监控

序号	控制点	符合性要求	等级
1	屠宰场应执行常规残留监控抽样计划	根据残留监控计划，超过最大残留限量（MRL 值）时，结果应反馈给蛋禽养殖场。全部适用	1 级
2	如果发现样品超过最大残留限量（MRL）时，应通知蛋禽养殖场和兽医专家，同时向主管机构汇报。兽医专家应及时调查残留超标的原因，并将调查结果报告提交给主管机构	有兽医专家的报告。未超过 MRL 值的不适用	1 级
3	样品的残留量低于 MRL 控制点时，兽医专家应对残留的原因在一个月内进行调查。调查报告应提交给主管机构	有兽医专家的报告	3 级

【条文解释】

食品中的药物和有毒有害物质残留是消费者非常关心的问题。控制残留的最好方法是提高环境控制水平和蛋禽的健康，减少药物预防和治疗的频率，从而减少药物使用量。通过监测能及时发现残留程度，决定下一步采取的措施。

【建议记录】

药残检验报告、整改报告。

八、饲料

序号	控制点	符合性要求	等级
1	饲料的采购	感官评估。尽量有选择地定点采购，调查了解采购点的状况。固定饲料供货商，要考察评估供货商是否具有保证按质量标准供应饲料的能力和良好的商业信誉	1 级

（续表）

序号	控制点	符合性要求	等级
2	饲料的采购入库	感官评估。（如色泽、气味、新鲜度、霉变结块、虫害、杂质等）。饲料抽样验收合格后方可入库。全部适用	1级
3	饲料的存放	感官评估。查看饲料仓库管理记录，现场查看仓库是否清洁干燥、无污染，通风、阴凉，要避免直射阳光进入仓库。不同种类饲料是否分开存放并有清晰的标识易于识别，饲料是否存在发霉、变质、结块和异味等现象。对库存饲料定期查看，发现有霉变或受潮发热等异常情况，应及时进行挑拣、翻垛、提前使用、销毁处理等。全部适用	1级
4	饲料仓库防治生物污染的措施	感官评估。查看饲料仓库防治生物污染的设施，有针对啮齿类动物、鸟和虫害的预防措施。全部适用	1级
5	饲料的出库	感官评估。原则上应按入库先后顺序发料，即先进先出，后进后出，推陈“储”新	1级

【条文解释】

饲料（包括饲料添加剂），有天然的饲料如谷物、瓜果、蔬菜等，也有经加工配合的饲料。饲料是满足蛋禽正常生长的物质基础，营养全面的饲料不仅能促进蛋禽的生长，生产出优质的产品，而且能提高群体的抗病力，减少疾病发生，减少用药，从而减少了产品中药物的残留；反之，群体抗病力下降。若饲料存在有害物质，如霉变的饲料、有农药和重金属污染的饲料、滥加药物的饲料等，不仅可引起群体中毒发病，而且这些有害物质残留在鸡产品中，也要危害食用者的身体健康。

【建议记录】

（1）仓库管理记录。

（2）不同种类饲料的标识记录。

第八章　肉牛、肉羊健康养殖控制点与符合性规范及释义

第一节　肉牛(肉羊)的场地选择和规划

一、场地要求和规划设计

序号	控制点	符合性要求	等级
1	肉牛、肉羊养殖场的选址和规划	感官评估。查看养殖场区位图、平面布局图、水质分析报告、土地使用证明	1 级

【条文解释】

(1) 肉牛、肉羊养殖场从防疫和生物安全角度出发，对周边环境有一定要求。而肉牛、肉羊养殖场生产过程中产生的废弃物（如粪污、臭气等）对周围环境也造成一定的污染。所以在肉牛、肉羊养殖场的选址上有地理上距离上的要求。养殖场所利用的水源和坐落地的土壤类型和成分对控制食品安全起重要作用。选址时还要考虑排水、空气流通、周边的饲料供应情况和交通通行情况等。

(2) 养殖场内的布局要合理。按防疫、通风换气、消防要求、要有合理舍间距。考虑全年主风向划分生活管理区、生产区及粪污处理区。

(3) 畜舍的朝向要尽可能坐北朝南。牛羊舍设计上，东北、内蒙、青海等北方省区要考虑防寒，长江以南省份则以防暑为主。饲草库要放在下风

向地段，与周围畜舍有50m以上的距离，要按防火要求建设。

序号	控制点	符合性要求	等级
2	畜舍内为牛羊提供适宜的休息区	感官评估。牛羊休息区应清洁干燥、不拥挤。若无畜舍，则不适用	1级

【条文解释】

为保证牛羊的健康和生产性能的充分发挥，使牛羊有充分的时间进行休息与反刍，提供干燥清洁的休息区是最基本的条件之一。牛床或羊床应稍有坡度，排出的粪污要及时处理。为牛羊提供适宜的环境条件，可最大程度上减少或预防多种疫病的发生。

序号	控制点	符合性要求	等级
3	分娩舍设施应满足分娩母畜的生理需求	感官评估。检查分娩舍的实际情况。员工须知分娩舍要严格消毒，清洁卫生，产床上要有适宜垫料；舍内要有限位设施。若无分娩舍，则不适用	2级

【条文解释】

分娩舍要求宽敞、明亮、保暖，清洁卫生，环境安静。分娩舍的地面、墙壁要尽量平整利于消毒。首先，用专用消毒剂喷洒消毒干燥后，用火焰喷射器消毒，在产前2d产床上铺上清洁卫生（日光晒过）的干燥柔软垫草，垫草不要切得过短。

【建议记录】

分娩舍消毒记录。

序号	控制点	符合性要求	等级
4	控制场内部的交叉感染	感官评估。检查饲养员的岗位责任制落实情况。不同畜舍的饲养员不串舍，舍内用具不交叉使用。若无畜舍，则不适用	1级

【条文解释】

各畜舍的饲养员做好自己的本职工作，为防止疫病传播，各舍内用具不许舍间交叉使用。场内技术人员一旦接触过可疑病畜，当天不许再去其他畜舍。

【建议记录】

员工工作日志。

序号	控制点	符合性要求	等级
5	在恶劣气候条件时为放牧牛羊提供庇护	检查极端气候条件下为放牧牛羊提供庇护的预案。若有畜舍，则不适用	3 级

【条文解释】

恶劣的气候条件是指夏季酷热的阳光和冬季寒冷的风雪。为减轻极端气候条件下对放牧牛羊健康的不利影响，减少不必要的损失，生产管理中应有在极端气候条件下，对放牧牛羊提供庇护的预案。

【建议记录】

使用庇护场所的记录。

序号	控制点	符合性要求	等级
6	电围栏的检查与维护	感官评估。员工须知相应的规定要求。若无电围栏则不适用	3 级

【条文解释】

电围栏的原理：当牛羊接触电围栏的导线时，利用瞬间产生高压电的电击，使牛羊感到畏惧而不适，从而远离电围栏，将牛羊固定在指定的区域内活动。要定期对电围栏进行检查维护，特别在大雨天后要认真巡查。

【建议记录】

电围栏检查维护记录。

二、圈舍建设和环境要求

序号	控制点	符合性要求	等级
1	合理的畜舍面积	感官评估。查每头牛羊占有的畜舍面积。有犊牛舍时，至少占 $2m^2$/头；架子牛至少 $2.5m^2$/头，繁殖母牛至少 $3.5m^2$/头，成年牛至少 $3m^2$/头；成年母羊至少 $1m^2$/只，羔羊至少 $0.6m^2$/只。若无畜舍，则不适用	2级

【条文解释】

不同畜种、品种、生长阶段，对饲养密度有不同的要求。过高的饲养密度影响牛羊的生产性能，并使畜群中疫病传播的风险性加大。通过肉眼观察可感觉到明显的拥挤现象，在长期高密度饲养环境条件下，牛羊畜体被毛不洁，性情暴躁，易发生顶撞事故引发的流产和其他不必要的损伤。因此在建造畜舍时，必须根据牛羊不同阶段的需要设计合理的畜舍面积。

【建议记录】

养殖场的饲养密度记录。

序号	控制点	符合性要求	等级
2	畜舍内采光、照明设施	感官评估。检查采光、照明设施。封闭畜舍采光系数为1：15～1：12畜舍内要有照明设施。若无畜舍，则不适用	1级

【条文解释】

(1) 舍饲牛羊要给予合理的光照条件，不论是自然光照还是人工光照。同舍牛羊在白昼时间内应互相可视，舍内饲喂时员工可清楚辨认牛羊个体，具体的光照照度为视力正常人可读报纸即可。光照过强会使牛羊持续兴奋，代谢增强，休息时间减少，对增重和饲料转化率有负面影响；光照不足又会使牛羊生长缓慢，发育受阻，使繁殖性能受到影响。

(2) 采光系数又称窗地比，是指窗户的有效采光面积与舍内地面面积之比。我国北方地区畜舍采光系数可低些，即窗户小些；南方地区采光系数可高些。

（3）在分娩舍必须具备人工光照设施，应保证全天（24h）光照，以便员工对分娩情况进行照料查看。畜舍内应有应急照明设施，以备紧急情况下使用。

【建议记录】

舍内光照制度记录。

序号	控制点	符合性要求	等级
3	对畜舍内小环境的控制	感官评估。员工须知舍内空气质量要求。封闭式畜舍要有通风、降温设施和防寒措施。若无畜舍，则不适用	封闭畜舍2级，开放畜舍3级

【条文解释】

在牛羊舍内，特别是封闭条件下，如果通风换气不良，管理不到位，冬季过分强调保温时，易发生空气质量超标，主要的有害气体是氨气、硫化氢、二氧化碳与恶臭气体等，这些有害气体对牛羊的健康产生影响，重者造成中毒，轻者影响生产性能，同时对饲喂员工的健康也有一定的影响。夏季存在的问题是舍内温度过高，应采取降温措施，封闭式畜舍要有通风设施。高湿度在极端温度（低温与高温）条件下，加剧这种极端温度对牛羊健康的负面影响。而且当舍内氨气浓度高时，会造成氨水对人畜眼结膜的危害。高湿度牛羊舍也使疥癣与腐蹄病等发生率提高。

【建议记录】

（1）舍内温度、湿度记录。

（2）舍内通风换气记录。

序号	控制点	符合性要求	等级
4	舍饲牛羊的运动场	感官评估。查看运动场面积和卫生状况。若无舍饲牛羊则不适用	3级

【条文解释】

从动物福利的观点出发，对所有舍饲的牛羊都要提供运动场。但我国的现状是舍饲拴系育肥牛多数没有运动场。对舍饲羊必需提供运动场，运动场面积为畜舍面积的3~5倍。要确保羊有干燥的自由活动区或与粗饲料充分接触，以满足羊的生物学习性的需要。

序号	控制点	符合性要求	等级
5	在恶劣气候条件时为放牧牛羊提供庇护	检查极端气候条件下为放牧牛羊提供庇护的预案。若有畜舍，则不适用	3级

【条文解释】

恶劣的气候条件是指夏季酷热的阳光和冬季寒冷的风雪。为减轻极端气候条件下，对放牧牛羊健康的不利影响，减少不必要的损失，生产管理中应有在极端气候条件下，对放牧牛羊提供庇护的预案。

【建议记录】

使用庇护场所的记录。

第二节　肉牛（肉羊）健康养殖

一、饲料要求

序号	控制点	符合性要求	等级
1	饲料的检验入库	感官评估。查看饲料仓库管理记录。饲料抽样验收合格后方可入库。全部适用	1级
2	饲料的存放	感官评估。查看饲料仓库管理记录，现场查看仓库是否清洁干燥、无污染。不同种类饲料是否分开存放并有清晰的标识易于识别，饲料是否存在发霉、变质、结块和异味等现象。全部适用	1级

（续表）

序号	控制点	符合性要求	等级
3	饲料仓库防治生物污染的措施	感官评估。查看饲料仓库防治生物污染的设施，有针对啮齿类动物、鸟和虫害的预防措施。全部适用	1 级

【条文解释】

饲料安全是保证畜产品质量安全的第一关，牛羊的饲料不仅涉及配合饲料及其原料，还包括粗饲料（如青绿饲料、块根块茎类饲料、青贮饲料、干草、秸秆等），所以必须注重各种饲料的仓储环节，以防出现发霉、变质、结块、产生异味等现象，以致影响饲料的适口性，危害牛羊的健康，以及影响畜产品的质量。应对饲料从采购入库、存放、防治虫害、鸟害、鼠害等环节加以控制，从而确保牛羊所用饲料的质量安全。饲料仓库要防雨、防火、防潮，保持清洁干燥、没有污染。

【建议记录】

（1）饲料仓库管理记录。

（2）不同种类饲料的标识记录。

序号	控制点	符合性要求	等级
4	对牛羊饲料中使用药物添加剂的管理	感官评估。查看饲料标签或生产配方记录。按照《肉牛饲养允许使用的抗寄生虫药、抗菌药和饲料添加剂及使用规定表》和《肉牛饲养禁止使用的兽药及其他化合物表》执行	1 级
5	执行休药期规定	感官评估。相关人员须知有关要求，查看休药期方案，并检查有效执行记录。全部适用	1 级

【条文解释】

伴随着抗生素类促生长剂的广泛使用，由此带来的问题或争论也越来越受到人们的关注。主要是药物残留和耐药性问题。大多数抗生素在动物体内有残留现象，肉牛肉羊主要用来进行屠宰，为确保牛羊产品的质量，必须严格按照相关法规使用药物添加剂，并严格执行休药期的规定，以防止药物通过畜产品进入人体。

【建议记录】

（1）饲料生产配方记录。

（2）休药期执行记录。

序号	控制点	符合性要求	等级
6	饲料中不应含有动物源性饲料成分	感官评估。查看仓库内原料和仓库管理记录，不得有《关于禁止在反刍动物饲料中添加和使用动物性饲料的通知》中规定的动物源性饲料。全部适用	1 级

【条文解释】

《关于禁止在反刍动物饲料中添加动物源性饲料的通知》加强了对反刍动物饲料生产和使用的管理，明令禁止给反刍动物饲喂动物源性饲料。只有这样才能切断疯牛病的传染源头，严禁疯牛病在中国的发生。

【建议记录】

饲料仓库管理记录。

序号	控制点	符合性要求	等级
7	农业转基因生物安全管理	感官评估。查看饲料饲料仓库管理记录。饲料原料要符合《农业转基因生物安全管理条例》的规定。全部适用	3 级

【条文解释】

转基因产品对动物和人体健康可能产生的影响主要表现为：转基因产品可能存在的过敏反应；抗生素标记基因有可能使动物和人的肠道病原微生物产生耐药性；抗昆虫农作物体内的蛋白酶活性抑制剂和残留的抗昆虫内毒素，可能对人和动物健康有害。美国的研究机构迄今尚未发现转基因饲料对畜禽的生产性能、健康状况产生危害性的影响。然而各国政府对转基因饲料的长期安全性问题尚不明确，认为在有关安全标准和法规未出台前，消费者应有知情权，即对转基因产品必须做相应标识。牛羊饲料要符合《农业转基因生物安全管理条例》中的有关规定。

【建议记录】

饲料仓库管理记录。

序号	控制点	符合性要求	等级
8	饲料中有毒有害物质及微生物含量的控制	感官评估。查看饲料有毒有害物质及微生物检测记录。应符合 GB 13078 的规定。全部适用	3 级

【条文解释】

《饲料卫生标准》（GB 13078）中规定了饲料中的有毒有害物质及微生物的允许量：包括铅、砷、汞、铬、氟、氢化物、亚硝酸盐、黄曲霉毒素、游离棉酚、异硫氰酸酯、噁唑烷硫酮、六六六、滴滴涕、沙门氏菌、霉菌和细菌总数的检测，因此，在实际生产中应该严格执行饲料卫生标准，不合格的饲料原料禁止使用。

【建议记录】

饲料中有毒有害物质的检测记录。

序号	控制点	符合性要求	等级
9	青贮饲料的调制与贮存管理	感官评估。查看青贮饲料的颜色味道等性状，查看青贮饲料调制、贮存及使用记录。按照农业部颁布的《青贮饲料质量评定标准》（试行）执行。适用于饲喂青贮的肉牛场或养殖户	3 级

【条文解释】

牛羊是反刍动物，能够利用大量的粗饲料，而中国的大部分地区牧草短缺，利用秸秆饲养牛羊是最经济的养殖模式，而利用秸秆青贮又是提高秸秆利用率的有效措施。青贮的调制、贮存和饲喂应符合农业部颁布的《青贮饲料质量评定标准》（试行）执行。尤其是青贮调制时一定要控制秸秆的含水量，封窖前要压实，贮存时要防水，饲喂时检查是否发霉，如果发霉就不能饲喂。

【建议记录】

青贮调制、贮存及使用记录。

序号	控制点	符合性要求	等级
10	精料的混合制作管理	感官评估。查看精料生产配方记录、精料抽样检测报告记录	2级

【条文解释】

牛羊养殖场饲喂的精料一般有两种：一种是自配料，一种是购入饲料厂家的浓缩料或全价料。有饲料设备的养殖场一般都自配料，配料时应按照牛、羊饲养标准和饲料原料的营养成分调整饲料配方，通过科学合理的营养摄入，提高饲料转化率，提高牛、羊的生产水平。加工过程中应注意原料的粉碎粒度、混合均匀度。

【建议记录】

(1) 原料营养成分的测定记录。

(2) 精料的生产配方记录。

(3) 精料的抽样检测记录。

序号	控制点	符合性要求	等级
11	饲料仓库中计量器具、粉碎机及混合搅拌机的管理	感官评估。检查计量器具定期进行校正的记录，检查机器是否安装磁铁吸取铁钉、铁丝等异物。适用于有此设备的牛羊养殖场或养殖户	3级

【条文解释】

牛在采食饲料时很容易将饲料中的异物吞食，尤其是铁钉、铁丝，造成心包炎等疾病，危害牛的健康。所以粉碎机和混合搅拌机要安装磁铁吸取铁钉、铁丝等异物。计量器具要定期进行校验，以保证精料配合的准确性。

【建议记录】

计量器具的校正报告记录。

序号	控制点	符合性要求	等级
12	购入商品饲料的管理	感官评估。查看商品饲料抽样检测记录和饲料标签、生产日期、保质期等。适用于购买商品饲料的牛羊养殖场或养殖户	3 级

【条文解释】

购买商品饲料要从正规厂家采购。购入的商品饲料符合《饲料和饲料添加剂管理条例》，使用时注意标签上的使用说明及保质期限。不能使用过期饲料。

【建议记录】

商品饲料抽样检测记录。

二、饲养管理要求

序号	控制点	符合性要求	等级
1	日粮的制作应满足饲养工艺的要求	感官评估。查看饲养工艺流程文件，查看日粮配制记录。全部适用	2 级

【条文解释】

牛羊不同的育肥方式有不同的饲养期，对日粮的营养供给水平有不同的要求。繁殖母畜在不同的生产时段，同样对日粮的营养供给水平有不同的要求。要根据市场的需求和本场的具体情况来制定科学的饲养工艺。要根据饲养工艺中不同阶段营养标准对日粮要求，为牛羊提供安全、科学、经济的饲料。

【建议记录】

(1) 饲养工艺流程文件。

(2) 日粮配制记录。

序号	控制点	符合性要求	等级
2	牛羊日粮供给保障	感官评估。检查精饲料和粗饲料的供给保障措施和实际供给情况。全部适用	1 级

【条文解释】

饲养牛羊的生产过程中，要消耗大量的粗饲料，这是饲养反刍动物与单胃动物的最大不同。但仅利用粗饲料是不行的，特别在育肥阶段与繁殖母畜的产前产后阶段，一定要补饲精饲料。在牛羊养殖场的建场之初，就要认真考虑场区周边地区粗饲料的供给情况。实践证明，只有科学合理利用场区周边地区的粗饲料资源，才是牛羊养殖场获利之道。

【建议记录】

饲料供应记录。

序号	控制点	符合性要求	等级
3	合理利用放牧地	感官评估。检查轮牧计划和休牧制度的落实情况。若无放牧饲养则不适用	1 级

【条文解释】

草地的载畜量有一定的限度，片面增加牛羊数量，过多载畜必将增加草地负担，最终结果是竭泽而渔，草地退化、沙化，碱化严重，反过来制约畜牧业的发展。合理的轮牧、休牧制度有利于草原保护，同时也促进了畜牧业的发展。要根据土壤肥力、季节、雨量、牧草的生长情况、牛羊的现状合理制定轮牧计划，对必要的休牧地要严格禁牧。

【建议记录】

（1）草地轮牧记录。

（2）草地休牧记录。

序号	控制点	符合性要求	等级
4	要保证所有牛羊都能获得充分的饮水供应	感官评估。员工要须知相应的规定要求，恶劣气候条件下有牛羊饮水供应的保障措施。全部适用	1 级

【条文解释】

水是重要的营养素之一。在某些牧区，在恶劣的气候条件下，为放牧牛羊提供安全、可靠、清洁卫生的饮水并不是一件容易的事。一定要有供应保障措施。

序号	控制点	符合性要求	等级
5	放牧牛羊户外越冬时的休息	感官评估。查看户外越冬牛羊的体表状况（毛皮上的粪污附着情况）和实际越冬情况。员工须知牛羊越冬方案。若无放牧越冬家畜则不适用	2 级

【条文解释】

放牧牛羊户外越冬管理在我国牧区尤为重要。尤其是北方牧区，每年都会有因雪大、管理工作不到位而造成的“白灾”损失。户外越冬的牛羊要有干燥的休息区，充足的日粮和饮水供给，要有躲避风雪的措施。

【建议记录】

越冬牛羊身体状况记录。

序号	控制点	符合性要求	等级
6	牛羊的浴蹄与修蹄	感官评估。看牛羊蹄肢情况。查浴蹄、修蹄记录。全部适用	3 级

【条文解释】

牛羊的蹄负担着体重。蹄形正时，牛羊站立稳，这样减少不必要能量消耗，促进牛羊的生长与发育。舍饲牛羊，特别是拴系的育肥牛，由于活动不足，蹄磨损少，易生长变形蹄，对其要定期修蹄。另外，在潮湿的环境下，牛羊极易患腐蹄病，其病原是坏死杆菌。放牧牛羊多在夏季发生，特别是在低洼地放牧时间过长后易发生。舍饲牛羊则在冬季易发腐蹄病。为防止腐蹄病的发生，要定期对牛羊进行浴蹄（加药浴蹄）与修蹄。

【建议记录】

牛羊的浴蹄、修蹄记录。

序号	控制点	符合性要求	等级
7	导羊前进	感官评估。员工会导羊操作。全部适用	2 级

【条文解释】

在给羊接种疫苗、剪毛、修蹄等日常管理工作中，要将羊带到指定的目的地。但羊生性怯懦胆小，如果在前面拖或后面赶都不走。正确导羊前进的方法是，导羊人站在羊的一侧，左（右）手托住羊的颈下部，右（左）手轻轻触动羊的尾根，羊立即前行。用控制颈下部的手引导方向，羊即按人的意愿前进到所需的目的地。

三、初生犊牛或羔羊的饲养管理要点

序号	控制点	符合性要求	等级
1	初生犊牛或羔羊的护理	感官评估。查看初生犊牛或羔羊护理操作规程。员工须知相关要求。无繁殖母畜饲养时不适用	2 级
2	确保初生犊牛、羔羊能够吃上初乳	感官评估。查看哺乳方案文件。员工须知相关要求。无繁殖母畜饲养时不适用	1 级

【条文解释】

对初生犊牛或羔羊，应先擦净口、鼻中的黏液，在冬季身上的黏液也要擦干，脐带没断要协助断脐。因犊牛或羔羊自身的免疫机制还不完善，为抵御外界病原体的侵袭，必须依靠母乳初乳中所提供的免疫球蛋白。资料表明，近 20% 以上的幼龄反刍畜死亡都与自身的免疫系统抵抗力低下有关，所以必须及时尽早为初生的犊牛或羔羊提供初乳。因初乳的质量随时间变化，最好能在初生 1h 内吃到初乳，最迟也不应超过生后的 6h。头几天每日食入占体重 5.5% 左右的初乳。但第一次给初乳时量不能太多，以防造成消化紊乱，在饲喂初乳前不许饲喂任何食物。

【建议记录】

（1）初生犊牛或羔羊的护理记录。

（2）犊牛或羔羊的哺乳记录。

序号	控制点	符合性要求	等级
3	犊牛或羔羊的人工哺乳	感官评估。员工要熟练掌握人工哺乳操作。若无幼畜饲养，则不适用	2 级
4	哺乳期内尽早对犊牛或羔羊饲喂少量优质牧草和高质量精料	感官评估。员工须知饲喂方案和断奶方案。若无幼畜饲养，则不适用	2 级

【条文解释】

肉用犊牛初生时可随母哺乳或人工哺乳，一定确保及时充分的吃到初乳，出生 3d 后必须全部由人工哺乳，4 周龄前按体重的 8% ~9% 喂给乳量，以后维持这一给乳量，逐渐增加代乳料的饲喂量。在人工哺乳中要做到三定：定时间、定奶温、定奶量。为刺激幼龄反刍动物的瘤胃发育，可在 8 日龄开始，诱导犊牛自由采食少量优质牧草和高质量犊牛混合料，在保证正常乳量供应条件下，逐步增加牧草和精料的供给量。

【建议记录】

（1）犊牛或羔羊的饲喂记录。

（2）犊牛或羔羊的断乳记录。

序号	控制点	符合性要求	等级
5	牛羊去角	感官评估。员工要掌握去角技术。三月龄后幼畜的去角应由兽医进行。放牧时不适用	2 级

【条文解释】

舍饲的牛羊必须去角。因为有角的牛羊不便于管理，稍有疏忽可能导致人员伤害事件的发生。并且在运输过程中，有角牛羊间极易发生相互危害。去角要尽量早些，犊牛可在生后 5 ~ 7d，羔羊可在生后 7 ~ 10d。幼龄动物去角常用的方法有两种：苛性钠法与电烙法。随母哺乳的幼畜最好用电烙法，在用苛性钠法时要防止腐蚀母畜的乳房和皮肤，并在下雨天不要放出幼畜。

【建议记录】

幼龄动物去角记录。

序号	控制点	符合性要求	等级
6	羔羊的断尾	感官评估。员工要掌握断尾操作技术。检查羔羊断尾记录。若不实行断尾，则不适用	2 级

【条文解释】

断尾是在绵羊饲养管理中多数采用的技术措施。对长瘦尾型的细毛羊、半细毛羊断尾，可防止尾沾污被毛，且便于配种；对肥尾羊为提高皮下脂肪与肌间脂肪含量，改善羊肉的品质也可断尾。羔羊断尾以出生后 1 ~2 周为宜。主要方法有橡皮筋结扎法、断尾铲（钳）的热断法和手术刀切法。

【建议记录】

羔羊断尾记录。

四、成牛羊或羊的饲养管理要点

序号	控制点	符合性要求	等级
1	牛羊的个体标记	感官评估。若无标记，则不适用	3 级

【条文解释】

对牛羊进行个体标记是养殖场管理水平的缩影。国家现行的法规制度也要求对异地育肥的牛羊必须有个体标记后方可运输。常见的永久性标记为液氮标记法、刺耳号法与剪耳法；临时性标记为耳标法和脖带法。

【建议记录】

个体标记底档记录。

序号	控制点	符合性要求	等级
2	育肥雄性牛羊的去势	感官评估。员工应掌握相关要求。检查去势方案和记录	3 级

【条文解释】

对育肥的牛羊进行去势是中国的传统做法。研究结果表明：不去势公牛直接育肥，其饲料转化率和生长速度均比阉牛和母牛高，所以对出栏时月龄少于 24 个月的公牛，建议分群管理不做去势处理。对超过 24 个月以上出栏的公牛还应做去势处理。育肥的公羊为防止胡乱交配都应去势。

【建议记录】

公畜的去势记录。

序号	控制点	符合性要求	等级
3	禁止给牛穿戴鼻环	感官评估。除极个别留种用的公牛外，禁止给牛穿戴鼻环。全部适用	1 级

【条文解释】

给牛穿戴鼻环也是中国的传统做法。科学的方法是给牛戴笼头来拴系。在出口活肉牛中若有角、穿戴鼻环是要被压级、压价或根本被拒收。

序号	控制点	符合性要求	等级
4	舍饲犊牛、羔羊的管理	感官评估。查看犊牛、羔羊的饲养管理规程。员工要须知舍饲犊牛或羔羊的管理要点。无舍饲幼畜，则不适用	2 级

【条文解释】

随母哺乳的幼畜要有隔离栏补饲措施，这样可防止母畜吃到给幼畜补饲的饲料。要做到每日三查：查食欲、看精神、检粪便。羔羊期发生最多是“三炎一痢”，即肺炎、肠胃炎、脐炎和羔羊痢。为防止早期断奶犊牛在饲喂人工乳或代乳料时发生消化不良或下痢，要在 15 日龄前给犊牛接种瘤胃微生物。仅靠乳中的水分不能满足幼畜的正常生长需要，必需让幼畜尽早饮水，开始饮温开水，2 周后可饮常温水。要按免疫程序的要求及时接种疫苗。

【建议记录】

幼畜的饲养管理记录。

序号	控制点	符合性要求	等级
5	牛羊饲养的日常管理	感官评估。检查分群情况、驱虫记录和称重记录。全部适用	2 级

【条文解释】

按牛羊性别、年龄、体况的不同进行分群是管理上的最低要求，无论是舍饲或放牧牛羊都要分群管理。因为动物群体内也有等级次序问题，动物间会因食物、饮水、休息空间乃至配种权发生争斗。牛在育肥前要驱虫，羊尤其是放牧羊群每年必须进行2～3 次驱虫。定期称重的结果用于指导生产，根据反馈的体重信息，可及时对日粮做出调整。

【条文解释】

（1）畜群的分群记录。

（2）畜群的驱虫记录。

（3）畜群个体的体重记录。

序号	控制点	符合性要求	等级
6	防止牛羊受到意外伤害的措施	感官评估。员工须知道相应的要求。在牛羊可接触到的范围内，没有锐利的突出物、没有塑料包装袋。全部适用	1 级

【条文解释】

锐利的突出物，如钉子尖，铁丝头，螺丝杆，锐利的玻璃、石头、水泥块等，都可能对牛羊体表造成伤害。要在牛羊可能接触到上述物品的范围内，移走或拆除这些锐利突出物。牛羊可能因误食塑料包装袋而造成死亡。

序号	控制点	符合性要求	等级
7	性成熟的公母畜必须分群饲养	感官评估。除配种需要外，性成熟的公母畜必须分群饲养。全部适用	1 级

【条文解释】

性成熟后的公母畜混养，极易胡交乱配，造成意外妊娠。这样会破坏选种选配工作，造成系谱不清，对初次妊娠的母畜可能会影响到生长发育，并影响到畜群整体质量的提高。

【建议记录】

公母畜分群饲养记录。

五、牛（羊）的繁殖管理

序号	控制点	符合性要求	等级
1	牛羊的育种工作	感官评估。看育种记录。若不开展育种工作则不适用	3级
2	选择适应本地条件的牛羊品种	感官评估。查看分娩记录、查看难产率、成活率。若无繁殖母畜则不适用	2级

【条文解释】

选择牛羊品种时，要结合本地自然资源状况，选择适应性强、抗病力好、遗传性稳定的品种。如长江以南养肉牛时，要选择抗热应激含有瘤牛血液的品种；北方牧区养肉羊时，不要选择喜欢温暖潮湿的海岛型品种。具体到某一头牛羊的选配上，也要认真考虑。如夏洛来牛难产率高，对初产牛就不要用夏洛来公牛精液配种。

【建议记录】

（1）育种工作记录。

（2）母畜分娩记录。

（3）品种对本地适应性记录。

（4）幼畜断乳成活率记录。

（5）难产情况记录。

序号	控制点	符合性要求	等级
3	繁殖母畜的保胎防流	感官评估。查妊娠母畜管理记录。员工须知妊娠母畜管理要点。若无繁殖母畜，则不适用	2级

【条文解释】

母畜妊娠后，特别是妊娠后期，要细心照顾。要防止相互间挤撞、突然猛跑、不慎滑倒等剧烈活动。放牧牛羊在枯草期要补饲，临产前要停止放牧，留栏饲养。要为妊娠母畜提供营养丰富、数量合理的日粮与饮水。要保持妊娠母畜舍的清洁卫生，对周边环境和饲喂用具要定期消毒，每天对牛体刷拭二次。接种免疫程序要求的疫苗。为使母牛分娩时间尽量控制在白天，可在产前2周将下午饲喂时间从17：00推迟到21：00，这样大部分犊牛都会在白天出生。

【建议记录】

妊娠母畜管理记录。

第三节　疫病防控

一、人员管理

序号	控制点	符合性要求	等级
1	牛羊圈舍及场区环境的消毒	感官评估。查看是否有消毒制度、消毒器械和消毒药物，查看定期消毒记录	1级

【条文解释】

行消毒制度，杜绝一切传染来源，是确保牛群健康的一项重要措施。消毒程序决定消毒的效果，用消毒药物消毒前，先将畜舍清扫干净后再喷洒，最好是用水冲净后再喷洒消毒药物，效果最佳。使用消毒剂时严格按照稀释要求使用。

【建议记录】

定期消毒记录。

序号	控制点	符合性要求	等级
2	器械消毒管理	感官评估。查看器械消毒记录，若无器械，则不适用	1级

【条文解释】

各种直接与牛羊接触的器械必须进行严格的清洗和消毒。防疫、治疗、哺乳、采精、输精等器械在每次使用前后应清洗消毒。

【建议记录】

器械消毒记录。

序号	控制点	符合性要求	等级
3	灭鼠、灭蚊蝇措施，对死鼠进行无害化处理	感官评估。员工须知相关要求。全部适用	1级

【条文解释】

改善养殖环境，减少血液传播疫病的传播，要处理好粪污，减少蚊蝇孳生场所，做好灭鼠工作，及时处理死鼠，做好无害化处理。

【建议记录】

灭鼠、灭蚊蝇与死鼠无害化处理的记录。

序号	控制点	符合性要求	等级
4	要保持畜舍的清洁卫生，对粪污染物进行处理，污染物的排放要达标	感官评估。对养殖人员进行询问调查。若无畜舍，则不适用	2级

【条文解释】

要保持畜舍的卫生，每天及时进行保洁，给牛羊提供适宜的生活环境。对养殖过程中产生的粪便要减量化、无害化和资源化处理。其排放时的卫生学指标、生化指标和感官指标要符合GB 18596——畜禽养殖业污染物排放标准的要求。

【建议记录】

污染物排放记录。

序号	控制点	符合性要求	等级
5	空舍期的清洁消毒	感官评估。员工须知清舍消毒程序。可通过现场检查或询问调查有关人员，了解清洗、干燥、消毒和废弃物的处理措施是否达到要求。若无畜舍，则不适用	2级

【条文解释】

为防止不同批次牛羊的交叉感染，在生产中要做到全进全出，每个舍都要有空舍期。在空舍期要进行彻底的清洗，采用彻底清舍。用高压水冲洗的方式对舍墙壁、地面、顶棚和所有设施和用具进行彻底清洗消毒。

【建议记录】

每年畜舍空舍期的清洗消毒记录。

序号	控制点	符合性要求	等级
6	消毒池	感官评估。现场检查消毒池。查看消毒液更新记录。无畜舍时，则不适用	2级

【条文解释】

对舍饲牛羊，在进入场区大门和生产区二道门入口处要分别建一大一小两个消毒池。对消毒池要求不漏水、耐酸碱、坚固、底面平坦但不能过于光滑、池底有坡度，大约深0.1m，大的消毒池长6m、宽3m，小的消毒池长4m、宽2m。要定期更换消毒池中的消毒液，特别在雨天后要及时更换加药。

【建议记录】

消毒液更换添加记录。

二、疫病控制

序号	控制点	符合性要求	等级
1	牛羊养殖场内犬的管理	感官评估。检查犬的驱虫和注射狂犬病疫苗记录，不收留来历不明的流浪犬。若无养犬则不适用	2 级

【条文解释】

在牛羊的某些寄生虫生活史中，犬是其寄主之一。经犬体内排出的虫卵，会对水源或放牧地造成污染，所以要定期对犬进行驱虫。狂犬病是人畜共患病，养殖场的犬必须注射疫苗。对来历不明的流浪犬不要收留。

【建议记录】

饲养犬的驱虫和免疫记录。

序号	控制点	符合性要求	等级
2	羊的药浴与驱虫	感官评估。员工须知药浴与驱虫的相关规定与要求。检查药浴与驱虫记录。全部适用	1 级

【条文解释】

羊的体内外寄生虫较多。药浴是为消灭体外寄生虫，驱虫则是针对体内寄生虫。一般情况下，羊场每年最少要进行两次以上的药浴与驱虫。当配制好药浴液后，要选择有代表性的羊进行试验性药浴，确实无中毒反应后，才可大群药浴。药浴前 2h 停料，浴前给羊充分饮水。先浴健康羊，后浴有皮肤病的羊。羊浴后在无阳光照射环境下休息 6～8h，便可正常放牧与饲喂。已妊娠 2 个月以上母羊不要进行药浴。对驱虫后的羊群，3d 内要在指定的羊舍或放牧地范围内，以防止驱出的虫卵污染周边环境，4d 后转移到正常的羊舍或放牧地，对驱虫后的粪便要进行发酵处理。

【建议记录】

（1）羊群药浴记录。

（2）羊群驱虫记录。

序号	控制点	符合性要求	等级
3	引种隔离制度	感官评估。查看引种检疫隔离记录。适用于需要引种的牛场	1 级
4	购买架子牛的隔离管理	感官评估。查看购入架子牛或育肥羊隔离、免疫和驱虫记录。适合异地育肥的牛羊场或户	2 级

【条文解释】

需要引种时，应严格执行《种畜禽管理条例》，种畜的运输过程中应严格遵守畜禽产地检疫规范 GB 16549 和种畜禽调运检疫技术规范 GB 16567 的规定。种畜合群饲养前应隔离检疫 30d 以上，并实施免疫接种和驱虫程序。需要购买架子牛或羊育肥时，合群饲养前需要隔离 15d 以上，并根据情况实施免疫接种和驱虫程序。

【建议记录】

（1）引种检疫隔离记录。

（2）架子牛羊隔离、免疫和驱虫记录。

序号	控制点	符合性要求	等级
5	牛羊接受检疫管理	感官评估。查看疫病抽查结果报告。接受动物防疫监督机构定期或不定期进行必要的疫病监督抽查。全部适用	1 级

【条文解释】

当地畜牧兽医行政管理部门必须依照《中华人民共和国动物防疫法》及其配套法规的要求，结合当地实际情况，制定疫病监测方案，由当地动物防疫监督机构实施，牛羊饲养场应积极配合。肉牛监测的疾病至少包括：口蹄疫、结核病和布鲁氏菌病。

【建议记录】

疫病抽查检测报告。

序号	控制点	符合性要求	等级
6	驱虫药物选择	查看寄生虫病发病记录和驱虫记录	2 级

【条文解释】

可感染牛羊寄生虫病的寄生虫种类很多，有时也会发生合并性感染。牛羊寄生虫病防治模式是一项综合性防治技术，在用药以前，可通过其粪便和症状进行确诊后，根据感染寄生虫的种类选择驱虫药物，切不可盲目用药。选择广谱、安全、高效的药物进行驱虫。

【建议记录】

（1）寄生虫病发病记录。

（2）驱虫记录。

序号	控制点	符合性要求	等级
7	预防接种疫苗管理	感官评估。查看接种疫苗的相关记录。全部适用	1 级

【条文解释】

根据《中华人民共和国动物防疫法》及其配套法规的要求，结合当地的实际情况，有选择性地进行疫病的预防接种工作，选择适宜的疫苗和免疫方法。

序号	控制点	符合性要求	等级
8	疫情上报管理	感官评估。有相关记录，员工和兽医应掌握相应的规定要求。全部适用	1 级

【条文解释】

在发生动物疫病或疑似传染病时，根据《中华人民共和国动物防疫法》及其配套法规的要求，及时向有关部门报告。在发生重大动物疫病疫情时，按照《重大动物疫情应急条例》的规定，及时、迅速、高效、有序的进行应急处理以便尽快的加以控制和扑灭。

【建议记录】

疫病或疑似传染病报告。

序号	控制点	符合性要求	等级
9	药物管理	感官评估。查看兽医处方记录和药物实物	2 级

【条文解释】

查看兽医处方和药物贮存状况。用于预防、治疗和诊断疾病的药物应符合《中华人民共和国兽药典》《中华人民共和国兽药规范》《中华人民共和国兽用生物制品质量标准》《兽药质量标准》《进口兽药质量标准》的相关规定。按照《肉牛饲养允许使用的抗寄生虫药、抗菌药和饲料添加剂及使用规定表》和《肉牛饲养禁止使用的兽药及其他化合物表》选择预防和治疗疾病适用的药物。

【建议记录】

兽医处方记录。

序号	控制点	符合性要求	等级
10	病牛设置特定隔离区	感官评估。有病牛隔离区。适合有牛舍的肉牛场或户	3 级

【条文解释】

病牛隔离区能尽量减少对健康牛的传染，而且为病牛创造更加利于治疗的环境。

序号	控制点	符合性要求	等级
11	病死牲畜无害化处理	感官评估。有病死牲畜处理记录，兽医和员工需知相应的规定，全部适用	1 级

【条文解释】

病死牛羊应按照畜禽病害肉尸及其产品无害化处理规程 GB 16548 的要求进行处理。

【建议记录】

病死牲畜处理记录。

第四节　养殖场管理

一、人员管理

序号	控制点	符合性要求	等级
1	非生产人员进入场区的管理	感官评估。查看外来人员来访登记记录	1 级

【条文解释】

对外来人员和车辆的管理是养殖场预防疾病的重要环节。未经许可，外来车辆和人员不允许进入生产区。场区入口应有门有锁和车辆消毒池，具备人员消毒设施，非生产人员进入生产区需经规定的消毒程序方可入场，并遵守场内的一切防疫制度。

【建议记录】

外来人员来访登记记录。

序号	控制点	符合性要求	等级
2	牛羊养殖场的人员配备	感官评估。检查技术人员的资格证书、员工的培训记录。全部适用	1 级

【条文解释】

牛羊养殖场要有数量达到要求的员工，规模大的场要配备相应技术人员。所有员工无论专职或兼职都应经过培训后方可上岗工作。专业育肥场要有初级技术人员，规模大的专业育肥场要有中级技术人员，繁育场要有中级或高级技术人员，有育种任务的繁育场要有高级专业技术人员。在岗人员也要定期培训，提高生产技术水平。

【建议记录】

（1）所有员工的培训记录。

（2）专业技术人员的资质记录。

序号	控制点	符合性要求	等级
3	员工要定期体检，体检合格后方可上岗	感官评估。有体检报告单。全部适用	1级

【条文解释】

新员工体检合格后方可进场。定期（最好是一年一次）对在岗员工进行体检，有益于员工的身体健康，同时若发现一些人畜共患疾病，也可切断传染链。当一线生产人员有结核病和布鲁氏杆菌病时，应脱离接触牛羊。

【建议记录】

员工体检记录。

序号	控制点	符合性要求	等级
4	员工不携带肉品进入场内	感官评估。员工须知相关的规定。全部适用	1级

【条文解释】

为避免不应发生的传染病，全部员工都要遵守不将肉品（不分生熟）带入场内的规定。如条件许可尽可能提供午餐。

序号	控制点	符合性要求	等级
5	场内人员管理	感官评估。技术人员要熟知相关的规定。全部适用	1级

【条文解释】

技术人员不对外服务，押运员完成任务后，3d后方可入场生产区。要做到兽医不到场外出诊，配种员不对外配种。押运员按规定隔离期入场生产区，司机熟知防疫消毒规定。

【建议记录】

员工每天进出场记录。

序号	控制点	符合性要求	等级
6	外来人员管理	感官评估。全体员工须知对外来人员的管理要求。全部适用	1级

【条文解释】

对外来人员，特别是游串各牛羊养殖场的推销员、采购员、司机、参观者、兽医原则上不许入场，如必需入场，要严格消毒后方可入场，但不许进入生产区。

【建议记录】

外来人员登记记录。

序号	控制点	符合性要求	等级
7	应急预案的执行能力	感官评估。员工须知发生紧急事件时的处理程序。若无应急预案，则不适用	2级

【条文解释】

员工要分级掌握应急预案的内容，当发生紧急事件时，各级员工应采取何种措施、自己的本职工作应马上采取什么行动，如何应对可能发生的人体健康、食品安全、牛羊健康与福利问题。要能够在24h内为牛羊提供充足的饮水和饲料供应。

【建议记录】

紧急事件处理记录。

二、档案管理

序号	控制点	符合性要求	等级
1	引入牛羊的来源等记录	感官评估。查看所有进场牛羊（包括经认证牛羊）的来源地相关记录，查看引进日期、隔离日期。全部适用	1级

【条文解释】

牛羊来自规范认证的养殖场，至少符合标准；来自非认证养殖场的牛羊应在指定养殖场隔离饲养一段时间后才可以进行规范认证，确保非认证的牛羊在认证的养殖场暂养羊超过60d，牛超过90d。

序号	控制点	符合性要求	等级
2	建立种畜系谱资料记录	感官评估。查看相关记录	1级

【条文解释】

牛羊的系谱资料对于育种、选种选配、避免近交发挥着重要作用。种畜场每头牛羊须有相应的系谱资料卡。系谱资料卡应有遗传系谱、统一编号、出生日期、生产性能等。种畜的系谱卡至少保留3年。

序号	控制点	符合性要求	等级
3	饲料（包括各种添加剂）的来源、配方、饲料消耗记录	感官评估。有相关记录，记录包括饲料的类型、数量、进货日期、使用情况等	1级

【条文解释】

饲料的品质、数量直接影响肉牛的生长发育、肉品质量和环境卫生，甚至威胁人类的健康和生存。做好有关饲料方面的记录是选择最佳饲料方案的基础。

序号	控制点	符合性要求	等级
4	建立繁殖记录	感官评估。有相关记录。包括发情、配种、妊娠、流产、产犊和产后监护等繁殖记录。适用于繁殖场	1级
5	生产记录	感官评估。有相关记录。包括哺乳、断奶、称重、转群、育肥、出栏等记录	1级
6	记录档案保存年限	感官评估。每批牛羊的记录至少在清群后保存两年。有相关记录，包括每批牛羊的来源去向、饲料消耗、体重、发病情况、死亡率、死亡原因、无害化处理、实验室检查结果等记录资料	2级

三、装运和运输

序号	控制点	符合性要求	等级
1	牛羊装运时要有装卸台	感官评估。装卸台要有适宜的宽度和长度，两侧要有护栏，防止牛羊受惊时从台上跌下受伤。全部适用	2 级

【条文解释】

在牛羊装运过程中，为保护人员和牛羊的安全，国内多采用装卸台。通常台高 1 ~ 1.2m，宽 2.5m，长 5m。两侧有相应高度的护栏。牛羊装车前不要喂得太饱，把牛从装卸台牵上汽车，逐头并排拴牢于车栏杆上，缰绳尽量要短留，装卸台要保持清洁卫生，装卸台在新牛入场前和卸车后要分别进行消毒处理。

【建议记录】

装卸台的使用及消毒记录。

序号	控制点	符合性要求	等级
2	牛羊的运输	感官评估。有关员工要须知相应的规定和要求。对长途运输的牛羊要提供饮水与食物。全部适用	1 级

【条文解释】

异地育肥是我国牛肉生产的主要方式，羊的异地育肥也在逐年增多。牛羊在运输过程中必须具备检疫手续。在运输途中不要在城镇或集市停留，路途中饮水、饲喂和人员休息也不要在上述地点进行。运输车辆装运前要严格消毒。装运前不要对牛羊喂的过饱。装载量要适度，避免牛羊之间过度拥挤、互相挤踏。对送屠宰场的牛羊要确保畜体清洁并保持干燥。

【建议记录】

(1) 牛羊运输记录。

(2) 屠宰场的反馈意见记录。

序号	控制点	符合性要求	等级
3	禁用电击棒	感官评估。没有电击棒。员工须知相关要求。全部适用	2 级
4	电器设施的安装	感官评估。检查用电设施的安装与使用情况。若无电器设施，则不适用	2 级

【条文解释】

从动物福利的观点出发，对动物安全考虑，避免对动物产生不应有的应激，禁止使用电击棒来驱赶牛羊。

养殖场的所有用电设施都不允许有漏电现象，要正确接地。连接电器设施的导线，要确保牛羊无法接触到，以免发生牛羊啃咬导线造成漏电事故。

【建议记录】

电器设施的安装、使用记录。

主要参考文献

陈文，司晶．2006. HACCP 在水产养殖中的应用及建议［J］．中国水产（6）：63－64.

敬红文．2007. 畜禽健康养殖是养殖者良性致富路［J］．中国动物保健，103（9）：25－27.

李滋睿．2005. 我国畜牧科技关键技术与重点领域预测研究［D］．北京：中国农业科学院．

梁木寿，黄祖华．2003. HACCP 与畜禽养殖中的危害分析及预防措施［J］．畜禽业（8）：6－7.

钱亮．2005. 从数量型到质量型看健康养殖的必要性［J］．四川畜牧兽医（6）：14－15.

唐现文，张响英，谢献胜．2007. 控制畜牧业污染的技术措施与健康养殖模式探讨［J］．黑龙江畜牧兽医（7）：113－114.

王冲．2006. 对畜禽产品安全性与畜牧产业发展的思考［J］．农业科学研究，27（3）：90－92.

王红宁．2006. 健康养殖是畜牧业发展的必然趋势［J］．农村养殖技术（2）：5－7.

肖建国．2005. 商品肉鸡饲养环节危害分析与关键控制点（HACCP）的初步研究［D］．呼和浩特：内蒙古农业大学．

许思佳，綦英杰，李巍，等．2005. 标准化养殖小区建设是我国家禽养殖业的必由之路［J］．中国兽医杂志，41（2）：61－62.

叶月皎．2007. 促进我国现代畜牧业持续健康发展刍议［J］．农村养殖技术（06S）：4－6.

印遇龙，孔祥峰，李铁军．2007. 新世纪我国畜禽养殖业面临的主要问题及应对措施［J］．饲料工业，28（14）：1－5.

于维军．2007. 大力推进动物健康养殖提升畜产品国际竞争力［J］．农村养殖技术

(14)：4－8.

张昌莲. 2006. 我国优势畜禽业应逐步转向有机养殖发展［J］. 上海畜牧兽医通讯(3)：60－62.

张国红. 2005. 我国动物健康养殖发展战略［J］. 中国禽业导刊，22（8）：9－10.